Desenhista de maquete eletrônica

ADMINISTRAÇÃO REGIONAL DO SENAC NO ESTADO DE SÃO PAULO

Presidente do Conselho Regional
Abram Szajman

Diretor do Departamento Regional
Luiz Francisco de A. Salgado

Superintendente Universitário e de Desenvolvimento
Luiz Carlos Dourado

EDITORA SENAC SÃO PAULO

Conselho Editorial
Luiz Francisco de A. Salgado
Luiz Carlos Dourado
Darcio Sayad Maia
Lucila Mara Sbrana Sciotti
Luís Américo Tousi Botelho

Gerente/Publisher
Luís Américo Tousi Botelho

Coordenação Editorial
Verônica Pirani de Oliveira

Prospecção
Andreza Fernandes dos Passos de Paula
Dolores Crisci Manzano
Paloma Marques Santos

Administrativo
Marina P. Alves

Comercial
Aldair Novais Pereira

Comunicação e Eventos
Tania Mayumi Doyama Natal

Edição e Preparação de Texto
Bruna Baldez

Coordenação de Revisão de Texto
Marcelo Nardeli

Revisão de Texto
Cristine Sakô

Coordenação de Arte e Projeto Gráfico
Antonio Carlos De Angelis

Editoração Eletrônica e Capa
Tiago Filu

Imagens
Adobe Stock

Impressão e Acabamento
Gráfica Serrano

Proibida a reprodução sem autorização expressa.
Todos os direitos desta edição reservados à

Editora Senac São Paulo
Av. Engenheiro Eusébio Stevaux, 823 – Prédio Editora – Jurubatuba
CEP 04696-000 – São Paulo – SP
Tel. (11) 2187-4450
editora@sp.senac.br
https://www.editorasenacsp.com.br

© Editora Senac São Paulo, 2024

Dados Internacionais de Catalogação na Publicação (CIP)
(Simone M. P. Vieira – CRB 8ª/4771)

Pires, Felipe Augusto
　　Desenhista de maquete eletrônica. / Felipe Augusto Pires e Felipe Lima do Prado. – São Paulo : Editora Senac São Paulo, 2024.

　　Bibliografia
　　ISBN 978-85-396-4283-0 (Impresso/2024)
　　e-ISBN 978-85-396-4285-4 (Epub /2024)
　　e-ISBN 978-85-396-4284-7 (PDF/2024)

　　1. Arquitetura 2. Desenho técnico 3. Maquete eletrônica
I. Título.

24-2263r　　　　　　　　　　　　　　　　CDD – 720.284
　　　　　　　　　　　　　　　　　　BISAC ART050080
　　　　　　　　　　　　　　　　　　　　ARC004000

Índice para catálogo sistemático:
1. Desenho arquitetônico 720.284

Felipe Augusto Pires

Felipe Lima do Prado

Desenhista de maquete eletrônica

Editora Senac São Paulo – São Paulo – 2024

Sumário

APRESENTAÇÃO | 7

1. INTRODUÇÃO ÀS MAQUETES ELETRÔNICAS | 9

    Fluxo de criação | 10
        Pré-produção | 10
        Produção | 16
        Pós-produção | 21

    Princípios do desenho técnico | 22
        Conceitos básicos de desenho técnico | 24
        Conceitos de geometria | 25
        Sistema de coordenadas cartesiano | 30
        Normas ABNT para desenho técnico | 32

    Estilos arquitetônicos | 32
        Clássico | 33
        Rústico | 35
        Moderno | 36
        Maximalista | 38
        Minimalista | 40
        Industrial | 42
        Escandinavo | 44
        Tropical | 47
        Boho | 49

    O mercado de trabalho | 51
    Arrematando as ideias | 53

2. MODELANDO MAQUETES ELETRÔNICAS | 55

    O projeto | 56
        Alguns princípios da modelagem 3D | 56
        Aplicações e benefícios | 58

    Iniciando a modelagem 3D | 59
        Abrindo o SketchUp Pro | 60
        Conhecendo a viewport do SketchUp | 61
        Conhecendo as ferramentas de modelagem | 62
        Modelando paredes | 66
        Realizando marcações e medidas | 68
        Adicionando materiais | 81
        Criando materiais | 83

Aplicando materiais | 86
Colocando blocos com o 3D Warehouse | 87

Ergonomia | 99
Desenvolvimento | 99
Tipos de ergonomia e aplicação | 100

Layout e projeto executivo | 101
Layout | 101
Projeto executivo | 102

Materiais realistas | 103
Mapa de texturas e luz | 103
Tipos de mapa de imagem | 105
Conceitos de iluminação 3D | 107
Princípios da renderização 3D | 108

Arrematando as ideias | 110

3. Finalizando imagens | 111

Pós-produção e humanização | 112
Princípios do processo de pós-produção | 115
Ajustes de cor e luz | 116
Tratamento de texturas e materiais | 117
Composição e enquadramento | 118
Manipulação de camadas e máscaras | 118
Correção de distorções e remoção de ruídos | 119
Pós-processamento de imagens | 120

Camadas de renderização e aplicações | 121
Composição flexível | 127
Controle de efeitos visuais | 128
Correção de erros | 128

Humanização e efeitos | 129
Contextualização da humanização | 129
Técnicas de inserção humana | 130
Iluminação e composição | 131
Integração e realismo | 132
Narrativa e emoção | 133

Arrematando as ideias | 134

Referências | 135

Apresentação

Mais que uma técnica, criar maquetes digitais é uma arte. Em um mundo onde a visualização realista de projetos arquitetônicos e de design é cada vez mais demandada, torna-se inegável a relevância desse fazer profissional.

Ao longo deste livro, você se familiarizará com alguns conceitos importantes do universo das maquetes eletrônicas, como os princípios básicos do desenho técnico e as técnicas de modelagem e renderização 3D.

O primeiro capítulo fornece uma visão geral das etapas de criação de maquetes, passando pela pré-produção, produção e pós-produção. Em seguida, explicita os fundamentos do desenho técnico, incluindo conceitos de geometria e normas da Associação Brasileira de Normas Técnicas (ABNT).

O segundo capítulo explora a modelagem 3D, apresentando ferramentas e técnicas práticas para criar maquetes detalhadas. Você aprenderá a utilizar softwares como o SketchUp Pro, a aplicar materiais e texturas, e a integrar elementos ergonômicos e de layout em seus projetos.

Por fim, o terceiro capítulo aborda a finalização de imagens, com foco na pós-produção e na humanização das maquetes. Vamos conhecer técnicas como ajuste de cores, tratamento de texturas e composição, identificando sua importância para contar uma história e transmitir emoções.

Aliando teoria e prática, este livro é um ponto de partida para os seus estudos e desenvolvimento. Sabemos que o treinamento contínuo é a melhor forma de dominar uma técnica ou ferramenta. Por isso, se o seu objetivo é encantar e convencer pessoas em um projeto, este é um excelente começo.

Boa leitura!

CAPÍTULO 1

Introdução às maquetes eletrônicas

Como a habilidade de interpretar desenhos técnicos pode impactar a comunicação de projetos arquitetônicos e a fidelidade na representação digital?

E como essa habilidade, somada à compreensão dos diferentes estilos arquitetônicos, pode influenciar o design e a criação de maquetes eletrônicas?

Para responder a essas perguntas, iniciaremos este capítulo conhecendo as etapas de criação de uma maquete eletrônica – desde o briefing na pré-produção até as correções na pós-produção.

Abordaremos também os princípios do desenho técnico e as características dos principais estilos arquitetônicos. Por fim, traremos um breve panorama dos setores de atuação desse mercado, além de pontuar as habilidades e conhecimentos mais demandados pelas empresas e estúdios de design.

FLUXO DE CRIAÇÃO

A criação de maquetes eletrônicas é uma arte que combina técnicas de design, modelagem 3D, iluminação e texturização, com o intuito de transformar conceitos abstratos em visualizações tangíveis.

Uma maquete eletrônica, também conhecida como visualização arquitetônica, é uma representação digital tridimensional de um projeto arquitetônico ou de design. Ela é criada por meio de um software de modelagem 3D e renderização, em que elementos como edifícios, paisagens, mobiliário e pessoas são modelados em um ambiente virtual tridimensional. Com ela, os espectadores podem ter uma ideia precisa de como será o espaço na realidade.

As representações visuais de uma maquete têm diversas aplicações. Podem servir, por exemplo, para apresentações de projetos para clientes, marketing imobiliário, planejamento urbano, design de interiores ou mesmo visualização de projetos de engenharia.

Elas ajudam a transmitir a estética, o layout e a atmosfera de um espaço de forma convincente, permitindo que arquitetos, designers e clientes vejam e compreendam um espaço antes que ele seja construído, auxiliando também na tomada de decisões.

Pré-produção

Em qualquer projeto de maquete eletrônica existe a pré-produção, fase que envolve a definição clara do conceito que guiará todo o trabalho subsequente.

O conceito é a ideia central, o tema ou a visão criativa que inspira e direciona a criação da maquete eletrônica. Ele abrange não apenas o propósito e o objetivo da visualização, mas também a atmosfera, a emoção e a narrativa por trás do projeto.

Um conceito bem definido serve como um alicerce sobre o qual todas as decisões criativas serão construídas. Ele fornece uma direção coesa para o projeto, ajudando a garantir que todas as escolhas de design, desde a seleção de modelos até as decisões de iluminação e de composição, estejam alinhadas com uma visão unificada.

NA PRÁTICA

Ao criar a maquete eletrônica de um centro comercial, por exemplo, o conceito pode ser futurismo urbano, com ênfase em linhas limpas, materiais modernos e uma paleta de cores vibrante. Esse conceito pode orientar a seleção de modelos de arquitetura, a escolha de texturas e materiais, a criação da iluminação e a composição da cena, criando uma visualização que comunica efetivamente a essência do projeto.

Definição do conceito

A primeira etapa do processo de pré-produção é a **definição do conceito**. É aqui que o processo de se sentar e conversar com o cliente acontece, ou seja, é o momento de desenvolver um briefing para entender a real necessidade do cliente. Mas o que é um briefing?

O briefing é um conjunto de informações adquiridas pelo responsável pelo desenvolvimento do projeto em colaboração com o cliente. Deve conter uma série de perguntas cujas respostas fornecidas pelo cliente orientam o caminho do projeto. É, portanto, uma ferramenta que direciona nossos projetos audiovisuais.

> O briefing tem diversos usos: serve como acordo ou contrato formal entre as partes envolvidas no projeto; serve como roteiro a ser seguido durante o desenvolvimento do projeto, definindo as várias etapas intermediárias

desse projeto; e serve para elaborar um cronograma, estabelecendo os prazos para cada uma dessas etapas. Os briefings de design devem incluir também informações sobre a estratégia da empresa e estratégia do design (Phillips, 2017, p. 38).

Um briefing bem elaborado permite que tanto os criadores quanto os clientes explorem diversas perspectivas de um problema. Isso resulta em uma compreensão mais profunda dos requisitos e das metas do projeto, culminando na redução de erros e retrabalhos.

Embora não exista uma receita de bolo, algumas perguntas são importantes para a criação de qualquer tipo de briefing ou projeto:

- Qual é o objetivo do projeto?
- Quais são os desejos do cliente?
- Quem é o público-alvo do cliente?
- Existem restrições?
- Quem é o responsável pelo projeto?
- Quais são os prazos e cronogramas?

Se esses pontos estão bem estabelecidos para ambas as partes, é bem provável que seu projeto alcance bons resultados.

Pesquisa de referências

A segunda etapa da pré-produção é o processo de **pesquisa de referências**. A pesquisa fornece uma base sólida de conhecimento e inspiração para o projeto, e envolve coletar diversas referências visuais, como fotografias, esboços, pinturas, filmes e até mesmo experiências pessoais relacionadas ao tema da maquete.

Quando pensamos em um processo de pesquisa de referências, temos como produto dessa pesquisa um *moodboard*.

Também conhecido como painel de referências ou painel semântico, o *moodboard* é uma ferramenta visual que reúne uma variedade de imagens, texturas, cores, padrões e outros elementos gráficos para representar um conceito, um tema ou uma atmosfera específica.

De acordo com Reis e Merino (2020), o painel semântico é uma ferramenta que faz parte da categoria dos painéis imagéticos, que possuem como característica principal o uso de referências visuais para a orientação da equipe de projetos.

Geralmente utilizado em áreas criativas – como design de interiores, moda, design gráfico, publicidade e cinema –, um *moodboard* comunica ideias e inspirações de forma rápida e visualmente impactante. Pode incluir fotografias, recortes de revistas, amostras de tecidos, paletas de cores, tipografia, entre outros elementos, organizados de modo que transmitam uma sensação ou estilo desejado.

> [...] enquanto alguns profissionais optam por separar as referências da prancha em aspectos a serem planejados (paleta de cores, acessórios, ambientes, por exemplo) e outros procuram aproximá-las para facilitar a expressão de ideia, alguns projetistas trabalham com uma lógica de construção aparentemente indefinida (Pereira, 2010, p. 39).

Não há uma receita ou ferramenta exclusiva para a montagem do *moodboard*; o importante é que esse produto seja um facilitador de referências para o projeto de maquete eletrônica.

O objetivo, então, é capturar e transmitir uma estética ou sentimentos específicos que serão utilizados como referência durante o processo criativo.

Ao estudar referências visuais, os artistas e designers absorvem informações sobre proporções, texturas, iluminação e atmosfera.

Figura 1.1 – *Moodboard*

NA PRÁTICA

Ao criar a maquete de um parque urbano, por exemplo, a pesquisa pode incluir fotografias de parques existentes, estudos de obras de paisagismo e visitas pessoais para observar a interação das pessoas com o espaço. Quanto mais detalhada for a pesquisa, mais autêntica será a maquete final.

Esboços e rascunhos

Como última etapa do processo de pós-produção, temos o processo de **esboços e rascunhos**.

Os esboços e rascunhos são ferramentas essenciais na exploração inicial de ideias e soluções criativas, permitindo aos artistas experimentarem livremente com formas, composições e detalhes sem as restrições das ferramentas digitais.

Os esboços podem variar desde simples croquis até desenhos mais elaborados, fornecendo uma espécie de plataforma para a exploração visual e a comunicação de ideias.

Figura 1.2 – Esboços e rascunhos

Ao criar esboços e rascunhos, os artistas e designers podem testar diferentes abordagens, encontrar soluções criativas para desafios de design e refinar sua visão geral do projeto.

NA PRÁTICA

Ao projetar a maquete de uma praça pública, por exemplo, os esboços podem explorar várias opções de layout, disposição de elementos e pontos de vista, ajudando a visualizar e aprimorar a estética e a funcionalidade da cena.

Esses são os pontos principais de um processo de pré-produção de maquete eletrônica. Portanto, ao definir o conceito, realizar pesquisas detalhadas e criar os esboços, conseguimos estabelecer uma boa estrutura para alcançar o sucesso em um projeto, economizando tempo e recursos durante as etapas de produção e pós-produção.

Produção

A produção de maquete eletrônica é a fase central do processo de criação. Agora, os elementos visuais do projeto são desenvolvidos e refinados para criar uma representação digital precisa do espaço arquitetônico ou do design em questão.

Durante esta etapa, várias técnicas e ferramentas são utilizadas para modelar, texturizar, iluminar e renderizar os elementos da cena, resultando em uma visualização tridimensional que reflita fielmente a visão do projeto.

A produção de maquete eletrônica envolve as etapas apresentadas a seguir.

Modelagem 3D

Na modelagem 3D, os elementos do projeto são criados digitalmente em um ambiente tridimensional. Isso envolve a construção de geometria básica para representar edifícios, paisagens, mobiliário e outros objetos que compõem a cena.

Utilizamos aqui softwares de modelagem 3D, como o Blender, o 3ds Max, o Maya ou o SketchUp, para criar e manipular esses objetos. Começamos com formas simples (cubos, esferas, cilindros) e as modificamos usando ferramentas de modelagem (extrusão, subdivisão, escultura) para obter formas mais complexas e detalhadas.

Figura 1.3 – Modelagem 3D

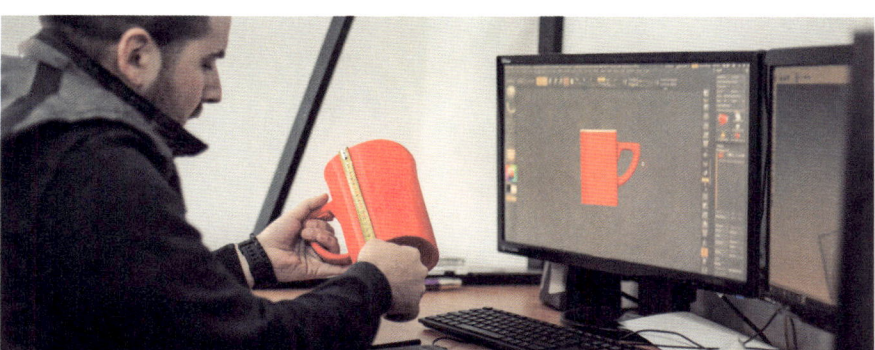

NA PRÁTICA

Ao modelar um edifício, por exemplo, podemos começar criando as formas básicas dos volumes principais e, em seguida, adicionar detalhes arquitetônicos, como janelas, portas, telhados e ornamentações. Para elementos naturais, como árvores e vegetação, modelos pré-fabricados podem ser utilizados ou criados a partir do zero, dependendo da complexidade desejada.

Texturização e materiais

Após a modelagem, os objetos são texturizados e materiais são aplicados para dar-lhes uma aparência realista. Esse processo envolve a seleção e aplicação de texturas de alta qualidade para simular diferentes materiais e superfícies, como madeira, metal, vidro, concreto e tecido. As texturas podem ser criadas a partir de fotografias e pinturas digitais ou, ainda, geradas proceduralmente.

Figura 1.4 – Texturização e materiais

Além das texturas, os materiais são configurados para definir propriedades visuais, como reflexão, refração, opacidade e rugosidade. Por exemplo, um material de madeira pode ter uma textura de grão visível, uma reflexão difusa e uma leve rugosidade para se assemelhar à sua superfície real.

Iluminação

A iluminação é essencial para criar uma atmosfera convincente na maquete eletrônica. Diferentes tipos de luzes são posicionados e configurados para simular fontes de luz naturais, como o sol, e artificiais, como as lâmpadas e as luminárias.

As luzes podem ser direcionadas, pontuais, de área ou emissivas, cada uma com características específicas de intensidade, cor e sombra.

Figura 1.5 – Iluminação

Durante esta etapa, os artistas ajustam cuidadosamente a intensidade, direção e cor das luzes para produzir o clima desejado na cena. Técnicas avançadas de iluminação, como luzes HDR (High Dynamic Range), luzes de área difusa e iluminação global, podem ser usadas para alcançar resultados realistas.

Renderização

A renderização é o processo de converter a cena 3D em imagens 2D finais. Nesta etapa, o software de renderização calcula a aparência final da cena levando em consideração a iluminação, as texturas, os materiais e os efeitos visuais configurados anteriormente.

O processo de renderização pode ser intensivo em termos computacionais e pode levar de minutos a horas, dependendo da complexidade da cena e da qualidade desejada da imagem final.

Figura 1.6 – Renderização

Os artistas podem configurar diversos parâmetros de renderização, como resolução, qualidade de sombra, profundidade de campo e efeitos de pós-processamento. Eles podem realizar várias iterações de renderização, ajustando as configurações conforme necessário.

Animação (opcional)

Em alguns casos, elementos animados são adicionados à maquete eletrônica para criar uma representação dinâmica. Alguns exemplos são animações de pessoas caminhando, carros passando, folhas soprando ao vento ou qualquer outro movimento que contribua para a narrativa visual da cena.

As animações podem ser criadas manualmente, com técnicas de animação 3D, ou integradas a partir de bibliotecas de animações pré-fabricadas.

Ao mesmo tempo que dá vida e dinamismo à maquete eletrônica, permitindo que tenhamos uma compreensão mais completa do espaço e de como ele será utilizado, a animação também aumenta a complexidade do projeto e pode exigir recursos adicionais de tempo e de computação.

Pós-produção

A pós-produção é a fase final do processo de criação de maquetes eletrônicas, na qual as imagens ou animações renderizadas são ajustadas e refinadas. É a etapa que permite "polir" a visualização, corrigir imperfeições e adicionar efeitos especiais para melhorar a estética geral da cena.

Durante a pós-produção, uma série de técnicas e ferramentas são empregadas para aprimorar a qualidade visual e comunicativa da maquete eletrônica. Isso inclui ajustes de exposição e contraste, aplicação de efeitos de pós-processamento, humanização e preparação final para a entrega aos clientes ou para publicação.

Vejamos a seguir as etapas que compõem o processo de pós-produção.

Ajustes de cor e luz

Para ajustes de cor e luz, é necessário desenvolver um conjunto de correções junto a um software de edição de imagem ou vídeo, de acordo com a saída que foi solicitada pelo cliente.

Tratamento de texturas e materiais

Não existe maquete eletrônica sem materiais e texturas, pois são eles que fornecem o aspecto realista aos arquivos digitais. Seja em imagens PBR (renderização baseada em física, em tradução livre) ou em *shaders*, os arquivos precisam do tratamento adequado para que apresentem as características físicas corretas.

Para isso, diversas correções podem ser aplicadas a uma foto, e imagens podem ser baixadas de sites de fornecedores ou criadas por inteligências artificiais.

Composição, enquadramento e humanização

A composição é a organização dos elementos visuais em uma imagem para criar uma estética harmoniosa, transmitir uma mensagem ou contar uma história de forma eficaz. Ela engloba o uso de princípios como equilíbrio, ritmo, proporção, contraste e variedade.

No processo de finalização de uma imagem, é imprescindível ajustar a composição e o enquadramento a fim de criar uma composição visualmente equilibrada e destacar os pontos focais. Também é interessante adicionar elementos como pessoas, árvores, veículos e mobiliário para contextualizar a cena e torná-la mais habitável e atraente.

Manipulação de camadas e máscaras

Na pós-produção, saber manipular máscaras e camadas nos permite um controle preciso sobre os ajustes aplicados em áreas específicas da imagem. Criamos, assim, a possibilidade de aplicar os outros princípios, trazendo bons resultados para o acabamento da renderização.

Correção de distorções e remoção de ruídos

Quando o assunto é correção de distorções e remoção de ruídos, há um conjunto de técnicas que podem ser usadas junto a um software de edição de imagem ou vídeo (de acordo com a saída solicitada pelo cliente), evitando o retrabalho de todo o processo.

Pós-processamento de imagem

O princípio de pós-processamento de imagem abrange uma variedade de técnicas e ferramentas que são utilizadas para aprimorar e refinar a imagem final após a captura inicial ou a renderização.

PRINCÍPIOS DO DESENHO TÉCNICO

O desenho técnico é uma linguagem gráfica que serve para comunicar de forma precisa a concepção de um produto. Por meio da representação detalhada da forma, dimensão e posicionamento dos objetos, ele fornece todas as informações necessárias para a fabricação de uma peça, máquina ou ferramenta.

É por meio dele que projetistas e designers expressam suas criações – desde uma mobília, um espaço, uma casa, um objeto até uma cidade.

Além da fase de construção do projeto, o desenho técnico auxilia em análises e documentações. Com um conjunto de linhas, números, símbolos e indicações normalizadas internacionalmente, ele se estabelece como uma linguagem gráfica universal nas áreas de engenharia, arquitetura e design de produtos.

Figura 1.7 – Desenho técnico

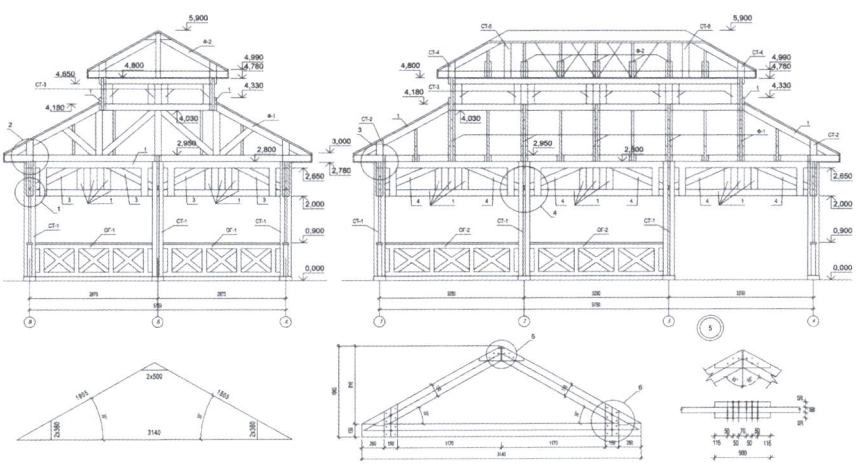

No campo da computação gráfica, especialmente na criação de maquetes eletrônicas e de modelos tridimensionais, é necessário conhecer os princípios do desenho técnico e das normas da Associação Brasileira de Normas Técnicas (ABNT). Esse conhecimento garante que os modelos digitais sejam precisos, detalhados e compatíveis com os padrões de produção e construção.

Softwares como o AutoCAD, o Revit e o SketchUp, por exemplo, são muito utilizados para criar desenhos técnicos e maquetes eletrônicas, integrando funcionalidades que automatizam e facilitam a aplicação das normas ABNT.

O domínio do desenho técnico e das suas normas é considerado essencial para qualquer profissional que atua na área de computação gráfica e deseja alcançar a qualidade dos projetos desenvolvidos.

Conceitos básicos de desenho técnico

Por se tratar de uma linguagem universal utilizada para representar objetos, estruturas e sistemas de modo minucioso e detalhado – exatamente o contrário de desenhos artísticos, que podem ser subjetivos e interpretativos –, o desenho técnico segue normas e padrões rigorosos para garantir que todos os envolvidos em um projeto entendam e executem o que está sendo representado sem margem para erro.

A seguir, destacamos alguns dos conceitos que formam a **base do desenho técnico**:

- **Precisão e clareza**: o principal objetivo do desenho técnico é transmitir informações de maneira precisa e clara, de forma que qualquer profissional da área possa entender e executar o projeto conforme especificado.

- **Projeções ortogonais**: esta técnica é usada para representar objetos tridimensionais em duas dimensões. As projeções ortogonais envolvem vistas de frente, topo e lateral do objeto, permitindo uma compreensão completa das suas dimensões e características.

- **Escalas**: no desenho técnico, objetos grandes são representados em escalas reduzidas, e objetos muito pequenos podem ser ampliados. A escala deve ser devidamente indicada no desenho para evitar ambiguidades.

- **Linhas e símbolos**: diversos tipos de linhas (contínuas, tracejadas, finas, grossas) e símbolos são utilizados para representar diferentes elementos e características do objeto, como contornos visíveis, arestas ocultas e eixos de simetria.

- **Cotagem**: é a indicação das dimensões no desenho. As cotas devem ser precisas e inseridas de forma legível, sem sobrepor outras informações importantes do desenho.

Figura 1.8 – Cotagem no desenho técnico

Conceitos de geometria

Os estudos iniciais sobre geometria plana remontam à Grécia Antiga e são comumente associados à geometria euclidiana, em homenagem a Euclides de Alexandria (360 a.C.-295 a.C.), renomado matemático educado em Atenas e discípulo da escola de pensamento platônico.

A geometria euclidiana se fundamenta nos conceitos de **ponto**, **plano** e **reta**, elementos primitivos que não possuem uma definição formal. São eles que constituem a base para a elaboração dos **princípios geométricos essenciais**.

Os cinco postulados de Euclides, essenciais para a construção dessa geometria, são:

- Dados dois pontos distintos, é possível traçar uma reta que os una.
- Dada uma reta, é sempre possível estendê-la indefinidamente em ambas as direções.
- A partir de um ponto dado, é possível desenhar um círculo com qualquer raio.
- Todos os ângulos retos são congruentes entre si.

- Se duas retas, A e B, são cortadas por uma transversal, formando ângulos internos do mesmo lado que não se complementam, então as retas, ao serem prolongadas, eventualmente se encontrarão do lado em que a soma dos ângulos internos for menor.

Esses postulados são o alicerce da geometria euclidiana e fundamentais para o estudo e a prática de conceitos geométricos em diversos campos, incluindo a computação gráfica e a modelagem de maquetes eletrônicas.

Vejamos aqui uma breve explicação dos **principais elementos geométricos**:

- **Ponto**: é a figura geométrica mais simples. A marca de uma ponta de lápis bem fina no papel dá a ideia do que é um ponto. Em desenho geométrico, o ponto é representado pela interseção de duas linhas pequenas e é nomeado por uma letra maiúscula. A localização do ponto no espaço é feita pelas coordenadas abscissa (x), ordenada (y) e cota (z), e toda figura geométrica é considerada um conjunto de pontos.

- **Plano ou superfície plana**: assim como o ponto, o plano não tem definição, mas é possível ter uma ideia do que seja observando o tampo de uma mesa, uma parede ou o piso de uma sala. O plano é ilimitado, não tem começo nem fim, mas no desenho a representação é delimitada por linhas fechadas, e a identificação é utilizada por letras gregas, por exemplo, α (alfa), β (beta) ou γ (gama). De acordo com sua posição no espaço, o plano pode ser:

  - **Plano horizontal**: um plano paralelo ao plano do horizonte (como o chão de uma sala).

  - **Plano vertical**: um plano perpendicular ao plano do horizonte (como uma parede).

  - **Plano inclinado**: um plano que forma um ângulo qualquer com o plano do horizonte, não sendo nem horizontal nem vertical.

  - **Plano oblíquo**: um plano que não é perpendicular nem paralelo a determinado plano de referência.

- **Reta ou segmento de reta**: é uma das formas mais fundamentais em geometria e desenho técnico. O segmento de reta é definido como uma parte de uma linha que é limitada por dois pontos distintos, chamados de extremidades ou pontos extremos. É delimitado por dois pontos específicos, por exemplo, A e B. O segmento é representado como AB.

- **Semirreta**: é um conceito que combina a finitude de um ponto inicial com a infinitude de uma linha. A semirreta se estende infinitamente em uma única direção a partir de um ponto inicial.

- **Linha**: é o deslocamento de um ponto no espaço e apresenta apenas uma dimensão, que é o comprimento. Em uma linha há uma infinidade de pontos, e ela pode ser curva ou reta.

- **Ângulo**: é a abertura formada entre duas semirretas de mesma origem. A unidade de representação do ângulo é o grau (°), cujos submúltiplos são o minuto e o segundo, em grados (gr) ou radianos (rad). O grau é cada uma das 360 partes nas quais a circunferência é dividida. Classificamos um ângulo em:

  - **Ângulo reto**: possui medida igual a 90°.

  - **Ângulo agudo**: possui medida menor que 90°.

  - **Ângulo obtuso**: possui medida maior que 90°.

Descritos como **propriedades ou características** das figuras e formas geométricas, são conceitos fundamentais na geometria:

- **Espaço**: é o lugar geométrico único, o conjunto universo amplo da geometria euclidiana, no qual estão os infinitos pontos, as infinitas retas e os infinitos planos. Por ser único, não possui uma representação geométrica, pois não há necessidade de distingui-lo de outro. É tridimensional e ilimitado nas três dimensões. Podemos dizer que existem pontos, retas e planos em todos os lugares do espaço e em todas as posições possíveis.

- **Simetria**: é a preservação da forma e da configuração por meio de um ponto, uma reta ou um plano. Com a simetria se obtém uma forma a partir de outra, preservando suas características, como ângulos, comprimento dos lados, distância, tipos e tamanhos. Pode ser observada em algumas formas geométricas, equações matemáticas ou outros objetos.

As figuras geométricas planas são formas bidimensionais que existem em um só plano, definidas por uma combinação de linhas, pontos e ângulos. Elas são a base para o estudo da geometria plana e possuem diversas propriedades que são fundamentais em áreas como engenharia, arquitetura, design e computação gráfica.

Vamos conhecer agora as definições e características das **figuras geométricas planas mais comuns**:

- **Círculo**: é uma figura geométrica plana fundamental, definida como o conjunto de todos os pontos em um plano que estão a uma distância fixa (raio) de um ponto central (centro).

  - **Centro**: o ponto central do círculo, geralmente indicado pela letra "O".

  - **Raio**: a distância fixa entre o centro do círculo e qualquer ponto da circunferência.

  - **Diâmetro**: uma linha reta que passa pelo centro do círculo e tem suas extremidades na circunferência. O diâmetro é o dobro do raio (d = 2r).

  - **Circunferência**: o perímetro do círculo, ou seja, a linha contínua que forma a fronteira do círculo.

  - **Corda**: um segmento de reta cujas extremidades estão na circunferência.

  - **Arco**: uma parte da circunferência entre dois pontos.

- **Triângulo**: é uma figura geométrica plana formada por três segmentos de reta que se encontram em três pontos não colineares.

Esses pontos são chamados de vértices do triângulo, e os segmentos de reta são chamados de lados. O triângulo pode ser classificado de acordo com os lados:

- **Equilátero**: todos os três lados têm o mesmo comprimento, e todos os ângulos internos são iguais a 60°.

- **Isósceles**: tem dois lados de mesmo comprimento e dois ângulos internos iguais.

- **Escaleno**: todos os três lados têm comprimentos diferentes, e todos os ângulos internos são diferentes.

E de acordo com os ângulos:

- **Acutângulo**: todos os ângulos internos são menores que 90°.

- **Retângulo**: tem um ângulo interno igual a 90°. O lado oposto ao ângulo reto é chamado de hipotenusa, e os outros dois lados são os catetos.

- **Obtusângulo**: tem um ângulo interno maior que 90°.

■ **Quadrado**: o quadrado é um tipo especial de quadrilátero, com quatro lados de mesmo comprimento e quatro ângulos internos retos (90°).

■ **Retângulo**: o retângulo é um quadrilátero com quatro ângulos internos retos (90°) e lados opostos de mesmo comprimento.

■ **Polígono**: é uma figura geométrica plana formada por um número finito de segmentos de reta consecutivos que se encontram em pontos (vértices), formando uma linha poligonal fechada. Os segmentos de reta são conhecidos como lados do polígono. O polígono pode ser classificado pelo número de lados:

- **Triângulo**: 3 lados.

- **Quadrilátero**: 4 lados (ex.: quadrado, retângulo).

- **Pentágono**: 5 lados.

- **Hexágono**: 6 lados.
- **Heptágono**: 7 lados.
- **Octógono**: 8 lados.
- **Nonágono**: 9 lados.
- **Decágono**: 10 lados.
- **Undecágono**: 11 lados.
- **Dodecágono**: 12 lados.

Pela regularidade:

- **Polígono regular**: todos os lados e ângulos são iguais. Exemplos incluem o triângulo equilátero e o quadrado.
- **Polígono irregular**: nem todos os lados e ângulos são iguais.

E pela convexidade:

- **Polígono convexo**: todos os ângulos internos são menores que 180°, e qualquer linha reta que passe pelo polígono o intersecta em no máximo dois pontos.
- **Polígono côncavo**: pelo menos um ângulo interno é maior que 180°, e uma linha reta pode intersectar o polígono em mais de dois pontos.

Sistema de coordenadas cartesiano

O sistema de coordenadas cartesiano é um método utilizado para especificar a posição de pontos no espaço de forma precisa e ordenada. Esse sistema pode ser aplicado tanto em duas dimensões (2D) quanto em três dimensões (3D). A seguir, vejamos as definições e características do sistema de coordenadas cartesiano.

Figura 1.9 – Plano cartesiano bidimensional e tridimensional

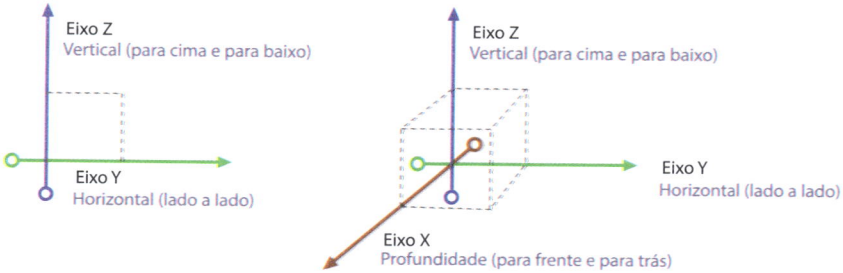

Sistema de coordenadas cartesiano 2D

No plano bidimensional, o sistema de coordenadas cartesiano é definido por dois eixos perpendiculares entre si:

- **Eixo X**: eixo horizontal.
- **Eixo Y**: eixo vertical.

Esses eixos se intersectam no ponto de origem (0,0).

Coordenadas de um ponto

Um ponto no plano 2D é representado por um par ordenado (x,y), em que:

- x é a coordenada horizontal (abscissa).
- y é a coordenada vertical (ordenada).

Sistema de coordenadas cartesiano 3D

No espaço tridimensional, o sistema de coordenadas cartesiano é definido por três eixos mutuamente perpendiculares:

- **Eixo X**: representa a dimensão horizontal (largura).
- **Eixo Y**: representa a dimensão horizontal (profundidade).
- **Eixo Z**: representa a dimensão vertical (altura).

Esses eixos se intersectam no ponto de origem (0,0,0).

Normas ABNT para desenho técnico

No Brasil, os desenhos técnicos seguem normas estabelecidas pela ABNT. Essas normas padronizam a maneira como os desenhos devem ser feitos e interpretados, garantindo a uniformidade do trabalho e a compreensão das pessoas.

As principais normas da ABNT para desenho técnico são:

- **NBR 16861 – Requisitos para representação de linhas e escrita**: define os requisitos para a representação dos tipos e larguras de linhas, além das regras de como os caracteres devem ser escritos, especificando tamanho, forma e espaçamento, para garantir legibilidade e uniformidade.

- **NBR 16752 – Requisitos para apresentação em folhas de desenho**: estabelece os tamanhos das folhas de desenho e seu layout, incluindo margens, cabeçalhos e legendas, bem como as regras de apresentação, incluindo o título, o número do desenho, o nome do projetista, a data e outras informações relevantes que devem constar na folha do desenho. As folhas mais comuns são A0, A1, A2, A3 e A4.

- **NBR 17068 – Requisitos para representação de dimensões e tolerâncias**: especifica as regras para a cotagem dos desenhos, incluindo a posição das cotas, os tipos de linhas de cota, as setas e os indicadores.

ESTILOS ARQUITETÔNICOS

Além dos elementos decorativos, os estilos arquitetônicos também são responsáveis por moldar a forma e aparência dos espaços físicos.

Um estilo arquitetônico é uma expressão visual e estrutural de determinada época, cultura ou movimento artístico. Ele incorpora características distintas de design, materiais, proporções e formas que definem um período específico da história da arquitetura.

Para os profissionais de criação de maquetes eletrônicas no campo do design de interiores, a importância de compreender os diferentes estilos arquitetônicos é imensa. A construção de maquetes eletrônicas autênticas e contextualmente precisas não apenas aumenta a credibilidade do projeto, mas também ajuda os clientes a visualizarem o resultado do design.

Vamos explorar alguns dos principais estilos arquitetônicos que têm influenciado o design de interiores ao longo do tempo.

Clássico

O estilo clássico teve seu início na Antiguidade, em especial com os gregos e romanos, e foi revisitado pelo movimento Renascentista.

De acordo com Summerson (1980), o classicismo em termos de arquitetura seria algo cujos elementos decorativos derivam direta ou indiretamente do vocabulário arquitetônico do Mundo Antigo (o Mundo Clássico). Portanto, podemos rotular o clássico como o mais antigo dos estilos e associá-lo a tudo que representa a Grécia e a Roma daquela época.

Considerados os pilares da arquitetura ocidental, esses períodos históricos estabeleceram muitos dos princípios estéticos e estruturais que ainda são reverenciados hoje.

Figura 1.10 – Estilo clássico

Embora o estilo clássico tenha suas raízes na Antiguidade, ele continua influenciando o design contemporâneo. Muitas residências e edifícios modernos incorporam elementos clássicos para adicionar um toque de elegância e atemporalidade. A interpretação contemporânea do clássico pode suavizar alguns dos detalhes ornamentais, mantendo a essência da simetria e da proporção.

Podemos destacar como principais aplicações desse estilo:

- **Mobiliário**: o mobiliário clássico é robusto, elegante e detalhado, com curvas suaves, pernas torneadas e entalhes decorativos. Peças como mesas de jantar, cadeiras e sofás podem apresentar tecidos luxuosos, como veludo e seda.

- **Paleta de cores**: a paleta de cores no design de interiores clássico tende a ser neutra e sofisticada, com tons de branco, creme, bege, dourado e cinza. No entanto, também pode incluir cores ricas, como vermelho profundo, azul royal e verde esmeralda, especialmente em detalhes e acessórios.

- **Texturas e materiais**: tecidos, como seda, brocado, damasco e veludo, são comuns, adicionando uma sensação de opulência. O uso de mármore para pisos, colunas e lareiras também é frequente, bem como de madeiras nobres, entre elas mogno e carvalho.

- **Acessórios e decoração**: elementos decorativos, como espelhos com molduras douradas, candelabros de cristal, obras de arte clássicas e esculturas, são utilizados para realçar a estética clássica. Tapetes persas e cortinas pesadas também contribuem para a sensação de luxo e grandiosidade.

- **Layout e espaço**: o design de interiores clássico favorece espaços amplos e arejados, com tetos altos e grandes janelas para permitir a entrada de luz natural. A disposição dos móveis é frequentemente formal e simétrica, criando uma sensação de ordem e equilíbrio.

Rústico

É provável que o estilo rústico tenha surgido muito antes do termo "estilo". Com suas raízes conectadas à vida rural e às tradições artesanais, e inspirado pela simplicidade da vida no campo, o estilo rústico evoca uma atmosfera aconchegante e convidativa.

A palavra "rústico" remete ao rude, simples e grosseiro, mas também à ideia de algo campestre e rural. Esse estilo é influenciado pelo country americano, que tem suas origens na *old-time music* do norte dos Estados Unidos, e no Brasil encontra paralelo na música sertaneja.

Figura 1.11 – Estilo rústico

O estilo rústico é uma celebração da simplicidade, da natureza e da autenticidade. Ao incorporar materiais naturais, artesanato e uma paleta de cores terrosas, ele cria ambientes que são ao mesmo tempo acolhedores e inspiradores.

Esse estilo é apreciado por aqueles que buscam um refúgio sereno e confortável, com a ideia de beleza intemporal da vida no campo.

Podemos destacar como principais aplicações desse estilo:

- **Mobiliário**: são comuns móveis pesados e robustos feitos de madeira maciça, com acabamentos naturais ou envelhecidos. Móveis antigos ou reciclados, como mesas de fazenda, aparadores rústicos e camas de ferro forjado, contribuem para a autenticidade do estilo, e elementos decorativos feitos de materiais naturais, como cerâmicas, cestos de palha e esculturas de madeira, são usados para dar autenticidade e charme.

- **Paleta de cores**: as cores predominantes são marrom, bege, verde suave e cinza. Elas proporcionam uma base calma e harmoniosa que complementa os materiais naturais.

- **Texturas e materiais**: tecidos naturais, como linho e algodão, são frequentemente usados em estofados, cortinas e almofadas, provocando uma sensação de leveza e conforto. Mantas de lã e detalhes em couro também podem ser usados para adicionar calor e textura aos espaços, reforçando a atmosfera acolhedora do estilo rústico. Materiais que mantêm sua aparência natural e imperfeita, como juta e cânhamo, são populares em tapetes e outras peças decorativas, e oferecem autenticidade e durabilidade.

- **Acessórios e decoração**: almofadas, mantas e tapetes de tecidos naturais acrescentam conforto e textura. Ferramentas agrícolas antigas, decorações de ferro forjado e utensílios de cozinha vintage costumam ser usados como elementos decorativos.

- **Layout e espaço**: em geral os layouts são abertos e fluidos para promover a interação e a convivência. Cozinhas abertas para as salas de jantar e estar são comuns, criando um ambiente unificado e acolhedor. Áreas confortáveis com sofás e poltronas macias, mantas e almofadas formam espaços ideais para relaxar e socializar.

Moderno

O estilo moderno, ou modernista, refere-se a uma manifestação que ocorreu tanto na arte quanto na arquitetura na primeira metade do século XX. Surgiu como uma resposta às formas ornamentadas e históricas dos estilos anteriores, marcando uma época de inovação e mudança.

Esse período foi influenciado pelo advento da industrialização, pelas novas tecnologias e por outra maneira de pensar sobre o design. Movimentos como o Bauhaus na Alemanha e o De Stijl na Holanda tiveram um impacto significativo no desenvolvimento do modernismo.

Figura 1.12 – Estilo moderno ou modernista

O estilo modernista influencia a arquitetura e o design de interiores até os dias de hoje. A ênfase na funcionalidade, na simplicidade e no uso de materiais modernos se mescla às tendências atuais de sustentabilidade e eficiência energética. Além disso, a estética *clean* e minimalista do modernismo se adapta bem ao estilo de vida contemporâneo, que valoriza espaços abertos e descomplicados.

Podemos destacar como principais aplicações desse estilo:

- **Mobiliário**: móveis modernistas são minimalistas e funcionais. Designers como Le Corbusier, Mies van der Rohe e Charles e Ray Eames criaram peças icônicas que ainda hoje são populares. Materiais como aço tubular, couro e madeira compensada são característicos desse estilo. As formas são simples, mas inovadoras, muitas vezes com uma abordagem modular.

- **Paleta de cores**: a base da paleta de cores é neutra, mas com acentos de cores vivas para criar pontos de interesse. As cores primárias (vermelho, azul e amarelo) são bastante usadas como destaques.

- **Texturas e materiais**: superfícies lisas e polidas, como vidro e aço inoxidável, são predominantes. Materiais naturais, como madeira e pedra, também são usados, mas para manter a simplicidade. A combinação de diferentes texturas, como a suavidade do couro com a dureza do metal, adiciona profundidade e interesse visual.

- **Acessórios e decoração**: a decoração é mantida ao mínimo, com ênfase em peças de arte e acessórios que complementam a simplicidade do design. A integração de tecnologia moderna, como sistemas de iluminação inteligentes e áudio, é comum, mas de forma discreta e harmoniosa.

- **Layout e espaço**: ambientes flexíveis e multifuncionais são projetados para se adaptarem às necessidades em constante mudança das pessoas. A organização dos espaços é aberta, promovendo a fluidez e a conexão visual entre diferentes áreas da casa.

Maximalista

O estilo maximalista, impulsionado por figuras influentes como o arquiteto norte-americano Robert Venturi na década de 1960, contraria diretamente o minimalismo. Venturi, famoso por sua frase "*less is bore*" ("menos é chato"), desafiou o lema minimalista "*less is more*" ("menos é mais") ao propor um design que enaltece a complexidade e a abundância.

Nos anos 1970, o estilo maximalista ganhou ainda mais adeptos entre arquitetos que se opunham ao minimalismo, e consolidou-se como uma abordagem extravagante ao design.

Embora seja um estilo que preza pelo exagero, o maximalismo não é puramente uma arquitetura e uma decoração desorganizadas. Pelo contrário: o bom gosto, a dosagem ideal, o contraste e a complementação são suas marcas registradas. Manter a harmonia na decoração é essencial, mesmo com a abundância de elementos.

Figura 1.13 – Estilo maximalista

Esse estilo está ganhando popularidade em resposta ao minimalismo predominante. Em um mundo onde a individualidade e a autoexpressão são cada vez mais valorizadas, o maximalismo oferece uma maneira de construir espaços que são únicos e representativos de quem os habita.

Sua ênfase na cor, textura e personalização ressoa com a busca contemporânea de ambientes funcionais, mas que também inspirem e emocionem.

Podemos destacar como principais aplicações do maximalismo:

- **Mobiliário**: o mobiliário é escolhido por sua presença visual. Sofás coloridos, cadeiras estofadas em tecidos estampados e mesas com detalhes ornamentais são comuns. Móveis de diferentes estilos e formas são misturados, criando um ambiente eclético e interessante.

- **Paleta de cores**: as cores são usadas de maneira ousada. Pinturas de parede, tapetes e móveis são escolhidos para gerar contrastes e complementar a paleta geral.

- **Texturas e materiais**: a riqueza de texturas é fundamental. Materiais luxuosos, como veludo, seda e peles, são combinados com madeira, metal e vidro. A mescla de texturas suaves e ásperas, brilhantes e foscas cria uma experiência tátil variada.

- **Acessórios e decoração**: a decoração é exuberante. Obras de arte, esculturas, plantas e objetos decorativos são usados em abundância, assim como lembranças, fotos e objetos de valor sentimental são exibidos em destaque, dando um toque pessoal ao espaço.

- **Layout e espaço**: espaços maximalistas são acolhedores e convidativos, cheios de personalidade e charme. A disposição dos móveis e objetos cria áreas de interesse e cantos confortáveis. Apesar dos muitos objetos e detalhes, um espaço maximalista bem-sucedido é organizado de maneira que cada elemento tenha seu lugar e propósito.

Minimalista

O minimalismo, originado do termo inglês *"minimal art"*, refere-se a movimentos estéticos, científicos e culturais que surgiram em Nova York no final dos anos 1950 e início dos anos 1960.

Esse estilo emergiu em um período pós-Guerra Fria, marcado por um cenário de prosperidade e uma crescente onda de produção e consumo em massa. O *minimal art* foi uma reação aos movimentos *pop art* e expressionismo abstrato, predominantes na época, propondo a eliminação de elementos excessivos para focar o essencial.

A essência do minimalismo é, portanto, a simplicidade e a funcionalidade. Altamente adaptável, ele pode ser combinado com outros estilos.

Figura 1.14 – Estilo minimalista

O estilo minimalista tem uma forte influência no design contemporâneo por sua abordagem prática e estética. É como uma fuga para a simplicidade e a clareza em meio ao caos e às distrações da sociedade.

Motivado por esse desejo de evitar distrações e destacar o objetivo principal da obra ou do espaço, o minimalismo se expandiu para além da arte e se tornou um estilo de vida.

A preocupação com a funcionalidade, a qualidade e a sustentabilidade acompanha as tendências atuais de consumo consciente e vida sustentável. Essa filosofia enfatiza a importância de adquirir apenas o necessário e cultivar hábitos mais equilibrados.

O minimalismo como estilo de vida se manifesta em:

- **Consumo consciente**: comprar menos, mas com mais qualidade; valorizar a durabilidade e utilidade dos itens.

- **Simplificação da vida**: reduzir o excesso em todas as áreas da vida, desde objetos pessoais até compromissos sociais, para focar o que realmente importa.

- **Bem-estar e sustentabilidade**: viver de maneira que contribua para o bem-estar pessoal e a saúde do planeta; evitar o desperdício e promover práticas sustentáveis.

Podemos destacar como principais aplicações desse estilo:

- **Mobiliário**: o mobiliário minimalista é caracterizado por suas linhas retas e formas simples. Sofás, mesas e cadeiras têm um design elegante e descomplicado. Além de esteticamente agradável, o mobiliário deve ser confortável e funcional, cumprindo seu propósito sem adição de ornamentos.

- **Paleta de cores**: as cores neutras predominam e criam uma base calma e serena. Pequenos toques de cor podem ser introduzidos em forma de acessórios ou obras de arte. Em muitos casos, uma paleta monocromática é utilizada para manter a coerência visual.

- **Texturas e materiais**: materiais naturais, como madeira clara, pedra lisa e tecidos simples, são utilizados para acrescentar interesse sem complicar o design. Superfícies lisas e polidas são comuns, favorecendo a estética limpa e organizada.

- **Acessórios e decoração**: os acessórios são mínimos e cuidadosamente selecionados. Cada peça tem um propósito e contribui para a harmonia do espaço. Obras de arte são escolhidas com cautela, muitas vezes com um estilo abstrato ou minimalista que complementa o ambiente.

- **Layout e espaço**: o layout é organizado para facilitar o fluxo e a funcionalidade. Espaços abertos e bem distribuídos permitem uma movimentação fácil e um uso eficiente, em que cada elemento serve a uma função específica, evitando a desordem.

Industrial

Mais que uma estética, o estilo industrial é uma narrativa que remonta às raízes industriais de Nova York, especialmente o lendário bairro de Soho. Entre as décadas de 1950 e 1970, Soho testemunhou uma enorme transformação e evoluiu de um centro industrial para um reduto de comunidades criativas e artísticas.

O bairro, outrora habitado por grandes indústrias, passou a ser um refúgio para artistas e empreendedores com orçamentos limitados, atraídos pela vastidão dos espaços industriais e pelos aluguéis acessíveis.

Os lofts industriais de Soho não apenas abrigaram artistas e designers, mas também se tornaram cenários icônicos em filmes de Hollywood, difundindo a estética industrial para além das fronteiras de Nova York. Materiais acessíveis, como canaletas metálicas e tubos enferrujados, foram incorporados ao design de interiores, o que valorizou a rusticidade e a autenticidade dos espaços.

Figura 1.15 – Estilo industrial

O estilo industrial aprecia a brutalidade dos materiais e a funcionalidade dos espaços. Rebocos imperfeitos, tijolos à vista e concreto exposto tornaram-se elementos essenciais para transformar ambientes antes monótonos em lugares desejados e dinâmicos.

Ao integrar elementos brutos e estruturais ao design de interiores, o estilo industrial cria ambientes que são simultaneamente masculinos e acolhedores, atestando sua evolução em um mundo mais inclusivo e diversificado. O Soho, com uma rica história e estética industrial inconfundível, continua a ser uma fonte de inspiração para designers e amantes da arquitetura em todo o mundo.

Esse estilo é uma tendência em áreas urbanas onde os espaços industriais são convertidos em residências e escritórios. Sua estética crua e autêntica evoca uma sensação de história e nostalgia, ao mesmo tempo que oferece um cenário moderno e funcional para a vida urbana. Além disso, o estilo industrial é bem adaptável e pode ser combinado com outros, como o minimalismo e o vintage, para criar ambientes personalizados.

Podemos destacar como principais aplicações desse estilo:

- **Mobiliário**: móveis com estrutura de metal, como estantes de aço e mesas de ferro, são combinados com sofás de couro envelhecido e poltronas de tecido resistente. Peças vintage, como relógios de parede antigos, sinais de neon retrô e móveis recuperados, adicionam charme e autenticidade ao espaço.

- **Paleta de cores**: cores neutras, como cinza, preto e marrom, são predominantes, relembrando a atmosfera industrial das antigas fábricas. Toques de cores industriais, como vermelho oxidado, amarelo mostarda e azul petróleo, são utilizados para acrescentar profundidade e interesse visual.

- **Texturas e materiais**: o contraste entre materiais brutos e texturas suaves, como couro e tecido, adiciona profundidade e interesse visual. Paredes de destaque com revestimento de madeira ou tijolos expostos criam pontos focais e dão caráter ao espaço.

- **Acessórios e decoração**: cestas de arame, caixas de metal e esculturas industriais são usadas como elementos decorativos funcionais. Luminárias suspensas com acabamento em metal, luminárias de piso de estilo industrial e lâmpadas de parede ajustáveis são escolhas populares.

- **Layout e espaço**: o layout de planta aberta é característico do estilo industrial, criando espaços amplos e flexíveis para morar e trabalhar. Áreas de convivência integradas, como cozinha, sala de estar e escritório, promovem a interação e a funcionalidade dos espaços. Paredes de tijolos expostos, pisos de concreto polido e tetos com vigas metálicas também são comuns, além de janelas do chão ao teto, que permitem a entrada abundante de luz natural e oferecem vistas panorâmicas da paisagem urbana.

Escandinavo

O estilo escandinavo, também conhecido como nórdico, emergiu nos países da Escandinávia (Suécia, Noruega, Dinamarca e Finlândia) no início do século XX e ganhou notoriedade a partir da década de 1950.

Foi em 1897, durante uma exposição de artes e indústrias em Estocolmo, que o design escandinavo de fato começou a se definir; contudo, levou quase um século para que fosse reconhecido e adotado globalmente.

Os países nórdicos, conhecidos por seus invernos longos e rigorosos, influenciaram de modo significativo o desenvolvimento desse estilo. Suas características marcantes, como a luminosidade e o uso de madeiras em tons claros, não são apenas estéticas, mas funcionais, uma vez que maximizam a luz natural e criam uma sensação de calor e aconchego.

Além disso, os escandinavos possuem uma forte consciência ecológica e social, que pode ser observada no consumo sustentável e na valorização dos recursos naturais da região.

Figura 1.16 – Estilo escandinavo

Embora o estilo escandinavo tenha suas raízes nos países nórdicos, suas características podem ser adaptadas para diferentes climas e culturas.

No Brasil, por exemplo, é importante considerar o clima mais quente e úmido. Com isso em mente, materiais que promovem frescor, como linho e algodão, podem ser escolhidos em vez de peles e lã. A paleta de cores também pode ser ajustada para incluir mais tons vibrantes, que refletem a vivacidade da cultura brasileira, enquanto se mantêm a simplicidade e a funcionalidade do design original.

Podemos destacar como principais aplicações desse estilo:

- **Mobiliário**: cada peça de mobiliário e decoração tem um propósito definido, e elementos supérfluos são eliminados. Portanto, os móveis possuem design simples, funcional e ergonomicamente pensado. Peças icônicas, como as cadeiras de Arne Jacobsen ou os sofás de Alvar Aalto, exemplificam essa abordagem. A madeira, sobretudo em tons claros como o carvalho e o pinho, é frequentemente usada para destacar a conexão com a natureza.

- **Paleta de cores**: para combater a escuridão dos longos invernos, as cores claras dominam o estilo escandinavo (branco, cinza, bege e tons pastéis são predominantes). Essas cores ampliam visualmente os espaços e refletem a luz natural. Pequenos toques de cores mais vibrantes, como azul, verde ou amarelo, podem ser usados em acessórios para criar contrastes sutis e manter o ambiente interessante.

- **Texturas e materiais**: tecidos naturais, como linho e algodão, são muito usados em estofados, cortinas e almofadas, proporcionando uma sensação de leveza e frescor, enquanto mantas de lã e peles sintéticas são usadas para adicionar calor e aconchego, em especial nos meses mais frios. A combinação de madeira e metal, como em mesas e cadeiras, é comum e traz um equilíbrio entre o calor natural da madeira e a modernidade do metal.

- **Acessórios e decoração**: plantas, cerâmicas e elementos de madeira são utilizados para transportar a natureza para dentro de casa. Estampas simples e geométricas em tapetes, almofadas e tecidos adicionam interesse visual sem sobrecarregar o espaço, bem como tecidos naturais adicionam calor e conforto.

- **Layout e espaço**: a arquitetura escandinava valoriza a funcionalidade com linhas simples e elegantes. Grandes janelas são comuns para aproveitar ao máximo a luz natural, e os layouts são abertos para possibilitar a circulação e a comunicação entre os ambientes. Móveis multifuncionais e modulares ajudam a otimizar o espaço, e áreas de estar são organizadas de maneira a criar zonas de conforto, com sofás, cadeiras e mesas dispostas de modo a incentivar a convivência e o relaxamento.

Tropical

O estilo tropical, apesar de ter surgido na América do Norte durante os anos 1940, inspirado pelo fascínio dos americanos pelo estilo de vida havaiano, encontrou sua maior expressão no Brasil. Profundamente conectado à natureza, esse estilo reproduz as características quentes e vibrantes das regiões tropicais, onde o sol é abundante e o frescor é uma constante necessidade.

Os materiais naturais e as cores da fauna e flora são elementos centrais do estilo tropical, que busca integrar o ambiente interno das residências com a natureza exuberante do exterior. Essa conexão é ainda mais evidente na arquitetura e decoração: o uso de elementos naturais transforma espaços frios e mecânicos em ambientes acolhedores e vivos.

Figura 1.17 – Estilo tropical

O estilo tropical também pode ser adaptado para diferentes regiões. Em áreas mais frias, por exemplo, o uso de cores intensas e plantas tropicais em interiores traz uma sensação de calor e vivacidade. Materiais naturais e estampas tropicais também podem ser combinados com elementos locais.

Com cores vibrantes, elementos naturais e forte ligação com o ambiente externo, esse estilo cria espaços que são tanto energizantes quanto relaxantes, e que transmitem a beleza e alegria da vida tropical.

Podemos destacar como principais aplicações desse estilo:

- **Mobiliário**: grandes vasos com plantas tropicais, como palmeiras, costelas-de-adão e samambaias, são indispensáveis. Poltronas, cadeiras e mesas de rattan ou bambu também são clássicos do estilo tropical; são leves, duráveis e trazem um toque natural. Objetos decorativos feitos de conchas, pedras, madeira e fibras naturais reforçam o tema tropical. Almofadas e cortinas com estampas de folhagens e flores complementam o ambiente.

- **Paleta de cores**: tons de verde, azul, amarelo e vermelho são usados para criar um ambiente alegre e acolhedor. Essas cores podem ser aplicadas em paredes, móveis e acessórios. Tons neutros, como branco, bege e marrom, ajudam a equilibrar as cores vibrantes e evitam que o espaço se torne visualmente sobrecarregado.

- **Texturas e materiais**: madeira, bambu, rattan, palha e fibras naturais são bastante utilizados. Esses materiais adicionam textura e autenticidade ao ambiente, reforçando a sensação de estar em um espaço ligado à natureza. Algodão, linho e seda são usados em estofados, cortinas e almofadas, proporcionando frescor e conforto. Tecidos com estampas de folhas, flores, aves e animais tropicais dão cor e vida ao espaço. Tapetes de fibras naturais, como sisal ou juta, completam a decoração.

- **Acessórios e decoração**: plantas, cerâmicas e elementos de madeira são utilizados para trazer a natureza para dentro de casa. Estampas simples e geométricas em tapetes, almofadas e tecidos adicionam interesse visual sem sobrecarregar o espaço, e tecidos naturais adicionam calor e conforto.

- **Layout e espaço**: a integração de ambientes, como salas de estar, jantar e cozinhas, facilita a circulação de ar e a convivência. Varandas e áreas externas são frequentemente incorporadas ao espaço interno. É comum a criação de áreas específicas para relaxamento, como cantos de leitura com poltronas confortáveis e vistas para o jardim. Além disso, pisos de madeira ou cerâmica com acabamentos naturais são preferidos. Tapetes de fibras naturais, como sisal ou juta, adicionam textura e conforto, e tetos altos com vigas de madeira expostas podem dar um charme rústico e reforçar a conexão com a natureza.

Boho

O estilo boho, uma abreviação de bohemian (boêmio), tem sua origem na contracultura que surgiu na França após a Revolução Francesa. Durante esse período, muitos artistas e intelectuais, imersos na pobreza, adotaram um estilo de vida nômade e mais econômico, caracterizado por roupas usadas e desgastadas.

A sociedade da época comparava os bohemians com os ciganos, ou gypsies, um grupo étnico originário da Índia que havia migrado para o norte. O estilo de vida boêmio rejeitava o materialismo e muitas convenções sociais, e centrava-se na arte, na liberdade de expressão e na criatividade.

Em 2004, o termo "boho chic" ganhou popularidade no mundo da moda ("boho" é uma abreviação de "bohemian", e "chic" significa "elegante"). O boho trouxe uma nova perspectiva ao olhar para o desarrumado, injetando personalidade e autenticidade no estilo de vida.

Figura 1.18 – Estilo boho

A chave do estilo boho é a busca pelo aconchego e pela representação da personalidade de cada indivíduo, e o resultado é uma decoração ultrapessoal e intransferível, impossível de ser replicada em massa ou em série. O foco está em cada detalhe necessário para alcançar níveis elevados de conforto, evitando traços retilíneos, duros ou sem cores.

Com sua fusão de texturas, cores e culturas, essa abordagem criativa e eclética transforma os ambientes em refúgios acolhedores, que convidam à convivência e ao bem-estar.

Podemos destacar como principais aplicações desse estilo:

- **Mobiliário**: em geral, os móveis são de madeira natural ou reciclada, muitas vezes com uma aparência desgastada ou vintage. São comuns peças artesanais, como cadeiras de vime, mesas de centro rústicas e estantes de madeira. A decoração inclui uma variedade de acessórios, como almofadas bordadas, cortinas de tecidos leves, tapetes orientais e uma abundância de plantas verdes que carregam um toque de natureza.

- **Paleta de cores**: o estilo boho é conhecido pela sua paleta de cores rica e diversificada. Cores vibrantes, como vermelho, laranja, amarelo, roxo e azul, são frequentemente combinadas com tons terrosos e neutros para criar um equilíbrio visual.

- **Texturas e materiais**: os materiais têxteis são a grande representação do boho. Os espaços são ocupados com lenços coloridos, mantas com toque artesanal e tapetes repletos de desenhos. As tonalidades entre o marrom, o bege e o verde-oliva são comuns e simbolizam apenas um dos espectros de cores. Tecidos naturais, como algodão, linho e lã, criam um ambiente acolhedor e confortável.

- **Acessórios e decoração**: os acessórios são essenciais e revelam uma mistura eclética de culturas e épocas. Luminárias de papel, lanternas marroquinas, espelhos com molduras decoradas e tapeçarias coloridas são alguns dos elementos decorativos que enriquecem o ambiente. Itens artesanais, como cerâmicas pintadas à mão, esculturas de madeira e vasos de vidro reciclado, adicionam um toque pessoal.

- **Layout e espaço**: no estilo boho, o layout deve ser fluido e flexível, promovendo um ambiente aberto e acolhedor. Móveis dispostos de maneira informal são uma característica-chave, pois criam áreas de convivência confortáveis e espaços multifuncionais, que podem ser facilmente adaptados para diferentes usos. A ideia é ter um ambiente que incentive a interação e o relaxamento, onde cada peça tem seu lugar sem seguir regras rígidas.

O MERCADO DE TRABALHO

Como o atual mercado de trabalho para profissionais de maquetes eletrônicas está se transformando com o avanço das tecnologias digitais? E quais são as habilidades e os conhecimentos mais demandados pelas empresas e estúdios de design?

A evolução tecnológica e a crescente valorização de projetos realistas têm impulsionado a necessidade de profissionais qualificados. Esse mercado, hoje em plena expansão, conta com alguns segmentos de atuação promissores:

- **Escritórios de arquitetura e design de interiores**: são os maiores empregadores de profissionais especializados em maquetes eletrônicas. Eles utilizam essas ferramentas para criar apresentações que ajudam a comunicar o conceito do projeto aos clientes. Além disso, maquetes detalhadas auxiliam na coordenação com engenheiros, empreiteiros e outros stakeholders do projeto.

- **Construtoras e incorporadoras**: no setor de construção, as maquetes eletrônicas são fundamentais para a comercialização de imóveis. Elas permitem que compradores em potencial visualizem o espaço de maneira realista mesmo antes de a construção começar. É crucial para vendas *off-plan*, em que os clientes precisam confiar na representação digital do imóvel.

- **Empresas de tecnologia e games**: com o crescimento da realidade virtual (VR) e aumentada (AR), o campo de atuação se expande para o mundo digital. Profissionais de maquetes eletrônicas encontram oportunidades em empresas de tecnologia que desenvolvem jogos, simulações e experiências virtuais imersivas.

- **Freelancers e consultorias**: a flexibilidade do trabalho freelancer permite que especialistas em maquetes eletrônicas trabalhem em uma variedade de projetos e clientes. Consultores independentes podem oferecer serviços personalizados, desde a visualização de pequenos projetos residenciais até grandes empreendimentos comerciais.

- **Imobiliárias e marketing imobiliário**: o mercado imobiliário utiliza extensivamente as maquetes eletrônicas para criar tours virtuais e material de marketing atrativo. A capacidade de apresentar um espaço de forma interativa e precisa aumenta significativamente o potencial de venda.

Para se destacar no mercado de maquetes eletrônicas, é preciso desenvolver uma série de habilidades, tais como:

- **Domínio de softwares 3D**: aprenda a usar programas como AutoCAD, SketchUp, 3ds Max, Blender e Revit (falaremos mais deles no próximo capítulo).

- **Conhecimento de design de interiores**: entenda os princípios de design e de ergonomia e as tendências de interiores.

- **Habilidades artísticas e técnicas**: combine criatividade com precisão técnica para criar representações visuais atraentes e funcionais.

- **Atualização constante**: invista em formação e atualização constante com as últimas inovações tecnológicas e tendências de mercado.

IMPORTANTE

Com a ajuda de softwares como o AutoCAD, SketchUp, 3ds Max e V-Ray, podemos criar imagens que representam com precisão texturas, iluminação e materiais. Além disso, a facilidade de alterar elementos no ambiente digital permite que designers experimentem diferentes layouts, cores e materiais sem o custo e o tempo associados às alterações físicas.

ARREMATANDO AS IDEIAS

Como vimos neste capítulo, a criação de maquetes eletrônicas é um processo complexo que integra diversas etapas e habilidades. Compreender o fluxo de criação, desde a pré-produção até a pós-produção, é essencial para a execução bem-sucedida de qualquer projeto de visualização arquitetônica.

Na fase de pré-produção, estabelecemos a base para todo o projeto. Um briefing detalhado serve para alinhar as expectativas e os objetivos entre o cliente e o artista, além de definir as diretrizes e especificações que guiarão todo o trabalho.

Na produção, a modelagem 3D transforma os esboços bidimensionais em formas tridimensionais realistas. E a pós-produção é a fase em que acontecem os toques finais para polir e aperfeiçoar a imagem renderizada.

Também falamos sobre a importância de dominar os princípios do desenho técnico. A correta leitura e interpretação dos desenhos nos permitem entender e traduzir projetos arquitetônicos em representações digitais. Essa habilidade é a base para qualquer trabalho de modelagem e renderização, garantindo que a visão do arquiteto ou designer seja fielmente reproduzida.

Conhecer os diversos estilos arquitetônicos é mais um ponto importante para criar representações autênticas. Cada estilo possui características específicas que devem ser capturadas com precisão nas maquetes eletrônicas. A compreensão deles enriquece o repertório visual do artista, além de possibilitar a criação de projetos que respeitem e valorizem a história e a estética arquitetônica.

O mercado de trabalho para profissionais de maquetes eletrônicas, como vimos, está em constante evolução, principalmente com o avanço das tecnologias digitais. Cresce cada vez mais a demanda por visualizações arquitetônicas de alta qualidade – e, portanto, as oportunidades na área.

CAPÍTULO 2

Modelando maquetes eletrônicas

Imagine que você está desenvolvendo um aplicativo para um cliente que deseja revolucionar o mercado imobiliário com uma ferramenta de visualização de propriedades. O aplicativo deve permitir que as pessoas explorem cada canto de um imóvel a partir de maquetes eletrônicas interativas.

O sucesso desse projeto depende da capacidade de criar modelos 3D detalhados e atraentes, que possam, assim, ser facilmente navegados e entendidos pelos futuros usuários.

Agora que já temos uma visão geral do fluxo de criação de maquetes eletrônicas, vamos nos ater, neste capítulo, ao processo de modelagem 3D, examinando os passos necessários para realizá-la e conduzi-la com fluidez por cada etapa.

O PROJETO

Elaborar um projeto de maquete eletrônica é o primeiro passo para criar uma representação visual precisa de um objeto, personagem ou ambiente tridimensional.

Antes de começar a modelar, é importante definir o escopo do projeto, que inclui o propósito da maquete – representar um ambiente, como quarto, sala, banheiro, entre outros cômodos, ou mesmo uma casa por completo.

Também precisamos entender o nosso público-alvo e ter referências visuais, como fotos, desenhos, esboços, inspirações e um estilo de design em mente (contemporâneo, minimalista, industrial, etc.).

Alguns princípios da modelagem 3D

A modelagem 3D é a base da criação da maquete eletrônica. Podemos considerar duas abordagens principais: a modelagem baseada em polígonos e a modelagem baseada em subdivisão.

A primeira envolve a criação de objetos 3D utilizando polígonos, que são superfícies planas delimitadas por vértices, arestas e faces. Já a segunda é uma técnica que envolve a suavização de um modelo de malha poligonal subdividindo suas faces repetidamente para criar uma superfície mais suave e detalhada.

Frequentemente usadas em conjunto, a modelagem baseada em polígonos oferece controle e precisão, enquanto a modelagem baseada em subdivisão proporciona suavidade e detalhamento.

Geometria básica

Comece criando formas geométricas básicas (cubos, esferas, cilindros) para compor os elementos principais da maquete. Vamos imaginar, por exemplo, que o nosso cliente pediu um modelo de uma sala. Podemos começar com a criação das paredes, dos pisos e do teto, mantendo a modelagem fiel às referências visuais. Não podemos nos esquecer dos ajustes e das dimensões.

Definição de escala

Determine a escala da maquete eletrônica. Ela é particularmente importante para projetos arquitetônicos e de design, pois garante que as proporções sejam precisas.

Defina também a unidade de medida que você usará (metros, centímetros ou milímetros). No caso de uma construtora com grandes edifícios, que exigem cálculos maiores, poderíamos utilizar a medida em metros. Em outro caso, se fôssemos modelar os móveis de uma cozinha mediana, poderíamos usar a medida em milímetros, que nos daria uma precisão maior para o desenho e a modelagem dos móveis.

No geral, recomendamos o uso dos centímetros, que são uma medida mediana. Com ela, conseguimos trabalhar com uma precisão maior que a dos metros e, ao mesmo tempo, podemos facilmente convertê-la para uma escala menor, como os milímetros. Isso facilita o fluxo de trabalho na hora de fazer uma representação gráfica na maquete eletrônica.

Esboço preliminar

Faça um esboço da maquete representando a disposição básica dos elementos. Assim, é possível visualizar como os elementos serão organizados na cena tridimensional.

O desenho técnico, abordado no capítulo anterior, deve fornecer uma visão geral do layout, como posição ou sugestão de móveis, pontos elétricos e hidráulicos, informação de medidas, entre outras informações.

Seleção de software

O desenvolvimento do modelo eletrônico propriamente dito se inicia com a utilização de um software de modelagem 3D.

Os principais e mais utilizados no mercado são: 3ds Max, SketchUp, Revit e Blender, que são especificamente para maquete eletrônica (o 3ds Max e o Blender também podem ser usados para outros tipos de modelagem, como personagens e objetos).

Esses programas oferecem diversas ferramentas e recursos que facilitam a criação de modelos virtuais detalhados. Atualmente, muitas opções de software dominam o mercado de modelagem de maquete eletrônica.

O AutoCAD, por exemplo, é considerado um dos padrões da indústria. Esse software conta com um grande conjunto de ferramentas para a criação de modelos 2D e 3D. Além dele, o Autodesk Revit é amplamente utilizado na arquitetura por fornecer recursos especializados para modelagem de informações de construção (BIM). Ele também facilita a integração de vários elementos de design e garante uma representação precisa ao longo de todo o processo de construção.

Outro software de destaque do sistema BIM é o SketchUp, que oferece uma interface mais amigável e é bastante empregado nos estágios iniciais de design. O SketchUp se destaca na criação de modelos rápidos e básicos que podem ser modificados e aprimorados com facilidade.

Escolha o software que melhor se adapte às suas necessidades, e familiarize-se com sua interface e ferramentas básicas: essa prática é de extrema importância para o desenvolvimento de suas habilidades e para a produção da maquete.

Aplicações e benefícios

As aplicações da modelagem eletrônica são diversas, em especial nas áreas de design de produtos, arquitetura e engenharia.

No design de produtos, a modelagem eletrônica permite que os designers conceitualizem e desenvolvam protótipos dos produtos imaginados. Ao construir réplicas virtuais precisas, eles conseguem identificar possíveis falhas de projeto, fazer os ajustes necessários e agilizar o processo de fabricação.

Da mesma forma, no domínio da arquitetura, a modelagem eletrônica possibilita aos arquitetos, designers e outros profissionais da área criarem representações detalhadas dos edifícios, proporcionando uma compreensão visual abrangente da interação e da estrutura com o seu entorno. Isso ajuda a avaliar o impacto das escolhas de design, além de promover uma boa comunicação com clientes e partes interessadas no projeto.

No campo da engenharia, a modelagem eletrônica assume um papel central no projeto e na construção de sistemas complexos. Ao utilizar um software de modelagem 3D, os engenheiros podem simular o funcionamento de seus projetos, identificar possíveis erros e otimizar seu desempenho. Esse processo contribui para projetos de engenharia mais seguros, eficientes e econômicos. Além disso, a modelagem eletrônica favorece a colaboração entre os membros da equipe, facilitando a comunicação e melhorando a coordenação geral do projeto.

Os benefícios da modelagem eletrônica, como já pudemos observar, são múltiplos. Ao fornecer uma representação realista do objeto ou ambiente pretendido, ela permite uma melhor visualização e avaliação. Designers, arquitetos e engenheiros podem analisar suas criações de diversas perspectivas e, assim, detectar falhas e fazer melhorias antes de se comprometerem com a produção física. Isso reduz os custos associados ao redesenho e ao retrabalho, e resulta em processos mais eficientes e simplificados.

A modelagem eletrônica também ajuda a economizar tempo em um projeto, pois elimina a necessidade de elaboração manual e criação de modelos físicos. Alterações podem ser feitas de forma rápida e fácil, garantindo que as decisões sejam tomadas prontamente. Além disso, a capacidade de simular e testar projetos antecipadamente minimiza o risco de falhas, melhora os resultados do projeto e aumenta a satisfação do cliente.

Outra vantagem da modelagem eletrônica é a plataforma para colaboração, em que as equipes de design e demais envolvidos podem facilmente compartilhar e discutir modelos, bem como fornecer feedbacks e insights durante as fases de criação e implementação. Essa prática estimula a comunicação eficaz, reduz mal-entendidos e promove uma compreensão mais integral do projeto.

INICIANDO A MODELAGEM 3D

A partir da introdução deste capítulo, podemos agora de fato começar a falar do software que usaremos para a modelagem 3D da nossa maquete eletrônica.

Abrindo o SketchUp Pro

Na nossa demonstração, vamos utilizar o SketchUp Pro. Depois que instalar o software na sua máquina, veja como podemos acessar a interface nos passos a seguir.

1º passo

Cadastre-se com login e senha, e automaticamente o site nos redirecionará para a abertura do software.

Figura 2.1 – Tela para cadastro

2º passo

No primeiro painel da tela de abertura, podemos visualizar os principais modelos de interface: arquitetura em centímetros; simples em inches (polegadas); simples em metros; arquitetura em inches (polegadas); arquitetura em milímetros; e arquitetura em metros. Logo abaixo temos a opção de carregar um arquivo.

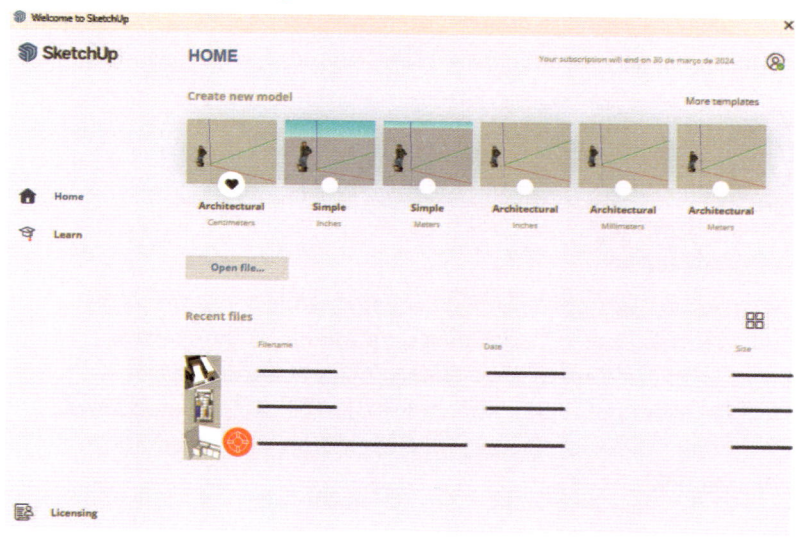

Figura 2.2 – Interface inicial

3º passo

Por fim, vamos acessar o modelo escolhido. O mais recomendado é começarmos a modelagem pelo modelo de arquitetura em centímetros, já que a medida mediana nos oferece uma boa precisão e mais facilidade para uma eventual conversão, tanto para milímetros quanto para metros.

Conhecendo a viewport do SketchUp

Agora que acessamos o software, temos acesso à viewport inicial, que é a área na qual vemos e interagimos com o modelo. Trata-se, portanto, do espaço na interface do usuário a partir do qual podemos manipular e visualizar o trabalho.

As opções disponíveis na viewport do SketchUp, como podemos ver adiante na figura 2.3 (p. 63), são: *Arquivo*; *Editar*; *Visualizar*; *Câmera*; *Desenho*; *Ferramentas*; *Janela*; *Extensões* e *Ajuda*. A última nos auxilia caso alguma função não seja compreendida ou alguma ferramenta com função específica não seja encontrada.

Abaixo da primeira linha de ferramentas, temos as principais ferramentas do software. Em *Bandeja padrão*, à direita, é possível encontrar as opções *Informações da entidade*, *Materiais*, *Componentes*, *Estilos*, *Etiquetas*, *Sombras* e *Cenas*. Por último aparece o *Instrutor*, uma espécie de professor que nos mostra o que é possível fazer em cada ferramenta.

> **IMPORTANTE**
>
> Na tela maior ao centro, há uma personagem vestida de verde e, atrás dela, um gato manchado. Ela funciona basicamente para mostrar a proporção na qual iremos modelar, como uma referência do espaço ocupado. Por exemplo: ao criar uma cadeira, um peitoril de janela, uma parede, teremos como referência o tamanho de uma pessoa adulta naquele ambiente.

Conhecendo as ferramentas de modelagem

Familiarizados com a interface do software, precisamos agora entender algumas das principais ferramentas para começar a modelagem. A primeira ferramenta que vamos utilizar é a de *Lápis*, representada pelo ícone de um lápis vermelho com a ponta preta na parte superior da barra de tarefas.

A função principal do *Lápis* é fazer desenhos em linhas retas, mas também é possível alterar para desenho à mão livre clicando na seta lateral do lado direito do ícone.

Vale lembrar que, para gerar uma forma, é necessário que o desenho se feche. Um quadrado, por exemplo, deve possuir quatro linhas – a linha final deve ser finalizada com a linha inicial, gerando uma face.

Outro modo de iniciar a modelagem é utilizando a *Ferramenta de Formas*. Por padrão, a *Ferramenta Retângulo* já vem pré-selecionada (diferente do lápis). Quando damos o primeiro clique no mouse, ela gera automaticamente um retângulo ou um quadrado, dependendo da forma geométrica que você quer desenhar e da referência utilizada. É preciso respeitar as medidas-padrão que o desenho apresenta.

Dentro da *Ferramenta de Formas*, além da *Ferramenta Retângulo*, temos o *Retângulo Giratório*, o *Círculo* e também o *Polígono*, que funcionam da mesma forma que o retângulo: basta dar um clique e puxar o mouse para qualquer lado para gerar uma forma automaticamente.

É importante já termos as medidas corretas do desenho. Se utilizarmos a *Ferramenta Retângulo* para fazer, por exemplo, um banheiro de 3 metros por 2 metros e 20 centímetros, podemos digitar esses valores no próprio programa. Lembre-se de que estamos modelando em centímetros, então devemos digitar *300; 220* e, em seguida, apertar o *Enter*. Aqui fazemos uma conversão de metros para centímetros. Na fórmula do SketchUp, a pontuação ";" representa a separação de dimensões.

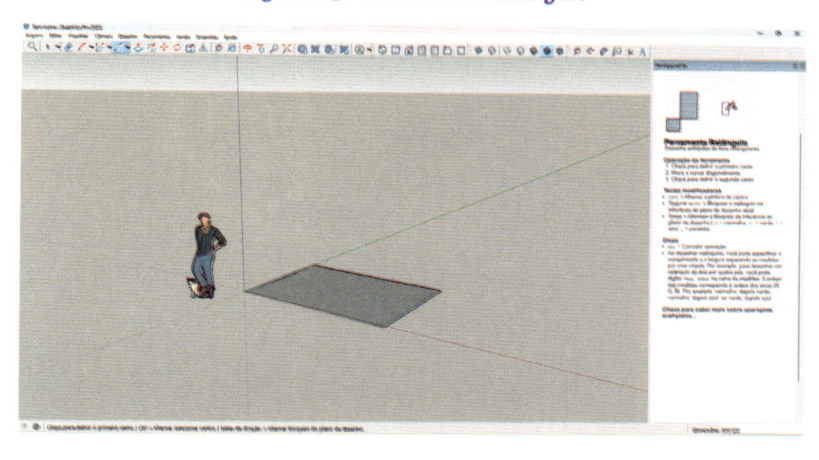

Figura 2.3 – *Ferramenta Retângulo*

Depois de fazer o desenho com a representação interna do ambiente, é hora de fazer a representação das paredes.

Existe uma ferramenta na barra de tarefas superior chamada *Ferramenta Equidistância*, que é representada por um círculo menor na cor preta e uma seta vermelha em diagonal com um círculo azul superior. Essa ferramenta serve para criar cópias de linhas a uma distância uniforme das linhas originais laterais do ambiente, fazendo, assim, a representação das paredes. Basta dar um clique no desenho central para puxar essa linha para o lado de fora, digitar o valor das paredes, que no caso é de 15 centímetros, e apertar o *Enter*. O desenho das paredes é automaticamente gerado.

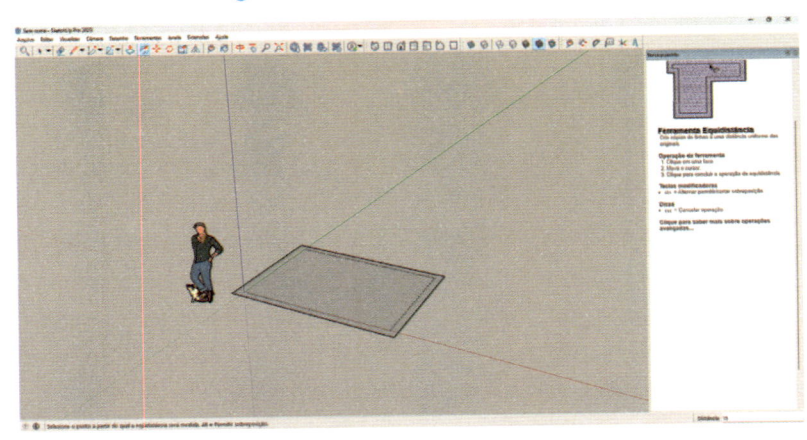

Figura 2.4 – Ferramenta Equidistância

Agora precisamos dar uma forma para o desenho. Se você já está familiarizado com alguns softwares 3D, deve se recordar da ferramenta *Extrude*. No SketchUp, temos a *Ferramenta Empurrar/Puxar*, que funciona basicamente como o *Extrude*. Ela é responsável por dar formas tridimensionais ao desenho. No nosso exemplo, podemos utilizá-la para elevar a face cinza em 15 centímetros, que é o formato do nosso chão.

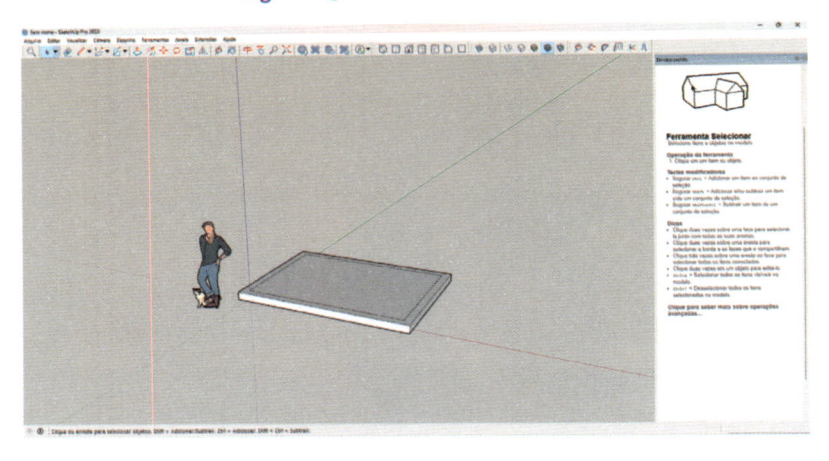

Figura 2.5 – Ferramenta Selecionar

Finalizada a base do desenho, vamos agora proteger essa modelagem para que ela não grude nas outras que faremos em seguida. Esse também é um modo de organizar o desenho.

Na opção *Bandeja padrão*, é possível encontrar a aba *Etiquetas*, que funciona como as camadas dos softwares da Adobe, como Photoshop ou Illustrator. No SketchUp, essas etiquetas também podem ser chamadas de *tags* em uma versão em inglês do software.

Ao abrir a aba *Etiquetas*, conseguimos visualizar alguns ícones com funções específicas. Para proteger a base do desenho, selecionamos toda a base com a ferramenta de seleção, representada na parte superior por um ícone de setinha preta (semelhante à seta do mouse). Também é possível apertar a barra de espaço para selecionar a ferramenta de seleção de forma mais rápida. Com a ferramenta habilitada e a base selecionada, clicamos com o botão direito do mouse, e um leque de opções é aberto. Em *Criar grupo*, podemos etiquetar os objetos selecionados.

Com o objeto protegido dentro do grupo, voltamos à aba *Etiquetas* e adicionamos uma nova etiqueta, lembrando que o software já vem com uma etiqueta-padrão "Sem etiquetas", criada automaticamente pelo programa também como etiqueta backup.

Ainda na aba *Etiquetas*, clicamos no ícone da cruz para adicionar uma nova etiqueta, que pode ser renomeada. Sugerimos sempre inserir uma numeração à frente da etiqueta, como, por exemplo, "1 – Piso Inferior". Isso ajuda a ordenar a modelagem criada.

Para finalizar a base do desenho, colocamos o nosso objeto – no caso, o piso inferior – dentro da etiqueta de piso inferior. Em *Bandeja padrão*, a primeira opção, *Informações da entidade*, informa algumas funções atreladas ao objeto selecionado. Por exemplo: o objeto está sem cor ou material e, por padrão, "Sem etiquetas", ou seja, sem nenhuma instância, sem tipos definidos e sem alternância. Então, na primeira opção, onde está escrito *Etiquetas*, vamos alterar de "Sem etiquetas" para a etiqueta que criamos aqui.

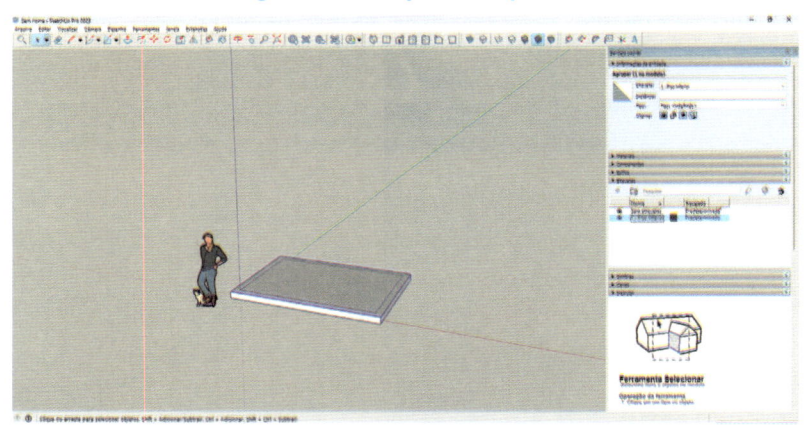

Figura 2.6 – Criação de etiquetas

Modelando paredes

Finalizada a base do nosso desenho, precisamos agora erguer as paredes. Para tanto, vamos replicar o desenho anterior utilizando apenas seus contornos, sem o chão, pois ainda não temos o preenchimento interno dele.

Refazemos então o desenho utilizando a *Ferramenta de Formas*, de retângulo, e colocamos as medidas: 3 metros por 2 metros e 20 centímetros. Em seguida, utilizamos a *Ferramenta Equidistância* para fazer os 15 centímetros de parede. Com a *Ferramenta Selecionar*, podemos selecionar a parte interna do desenho (a face cinza), representada pelo chão, e excluir com a tecla *Delete*.

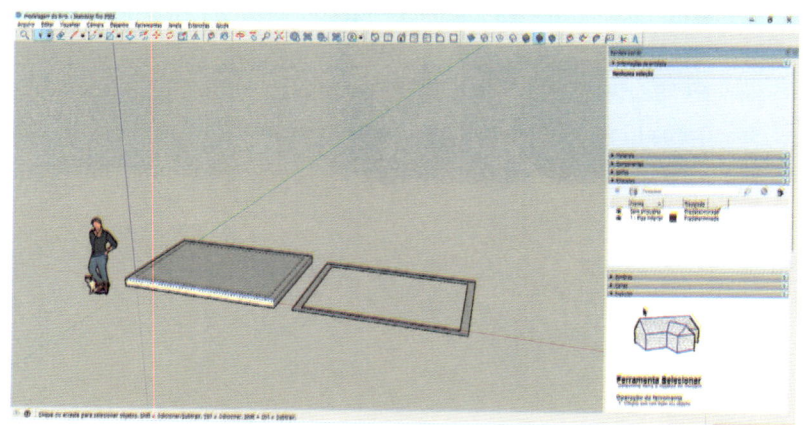

Figura 2.7 – Paredes

O próximo passo é inserir a altura dessa parede. Imagine que o desenho de referência indique que a altura seja de 2 metros e 70 centímetros. Vamos utilizar a *Ferramenta Empurrar/Puxar*, selecionar a face da parede e digitar *270 cm* (como estamos trabalhando em centímetros, digitamos sempre o valor já convertido em centímetros).

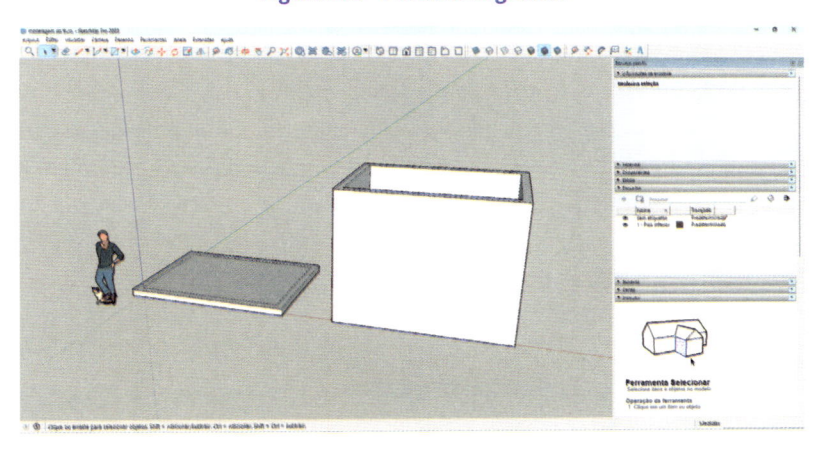

Figura 2.8 – Paredes erguidas

Assim como na modelagem anterior, precisamos proteger esse modelo dentro de uma etiqueta e de um grupo. Primeiro, vamos selecionar o modelo da parede, clicar nele com o botão direito e criar um grupo.

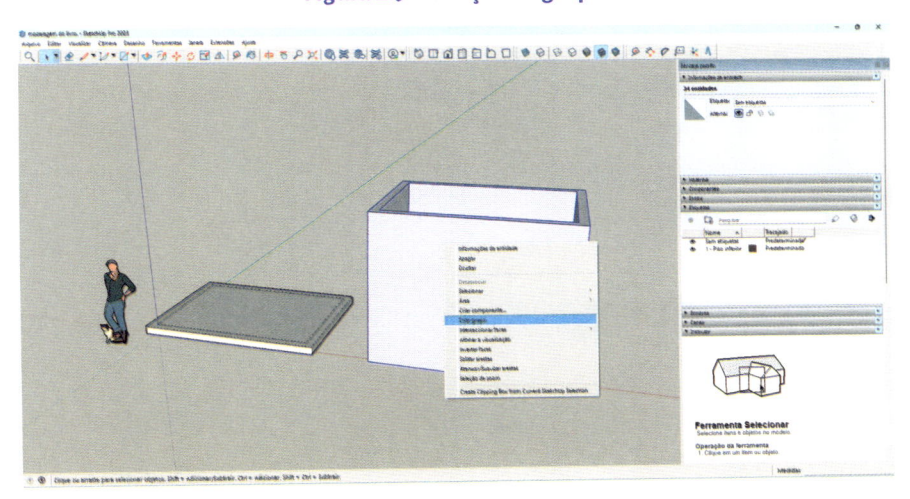

Figura 2.9 – Criação de grupo

Depois de criar o grupo, vamos colocá-lo dentro da nova etiqueta que será criada. Abrimos a aba *Etiquetas*, que fica na *Bandeja padrão*, e clicamos na opção *Nova etiqueta*. Seguindo a lógica da nossa última etiqueta, esta será "2 – Paredes".

Voltamos à *Bandeja padrão*, na aba *Informações da entidade*, e clicamos na primeira opção, *Etiquetas*: lá fazemos novamente a alteração do grupo para colocá-lo dentro da etiqueta que acabamos de criar.

Já temos, então, as duas bases do desenho: o piso e as paredes. A partir de agora, vamos criar os espaços para as janelas e entender um pouco mais sobre a ergonomia e o planejamento do ambiente, sempre pensando em fazer uma boa representação eletrônica do projeto.

Realizando marcações e medidas

Antes de aplicar as texturas e os objetos no piso, é necessário fazer as marcações e colocar as aberturas e medidas exatas.

As marcações devem ser realizadas com uma ferramenta específica de medidas. Para usá-la, precisamos entrar nos grupos que criamos. Basta dar dois cliques rápidos com o botão esquerdo do mouse em cima do grupo em que vamos trabalhar. No caso, sugerimos começar pelo chão para fazer a primeira marcação, que é a abertura da porta.

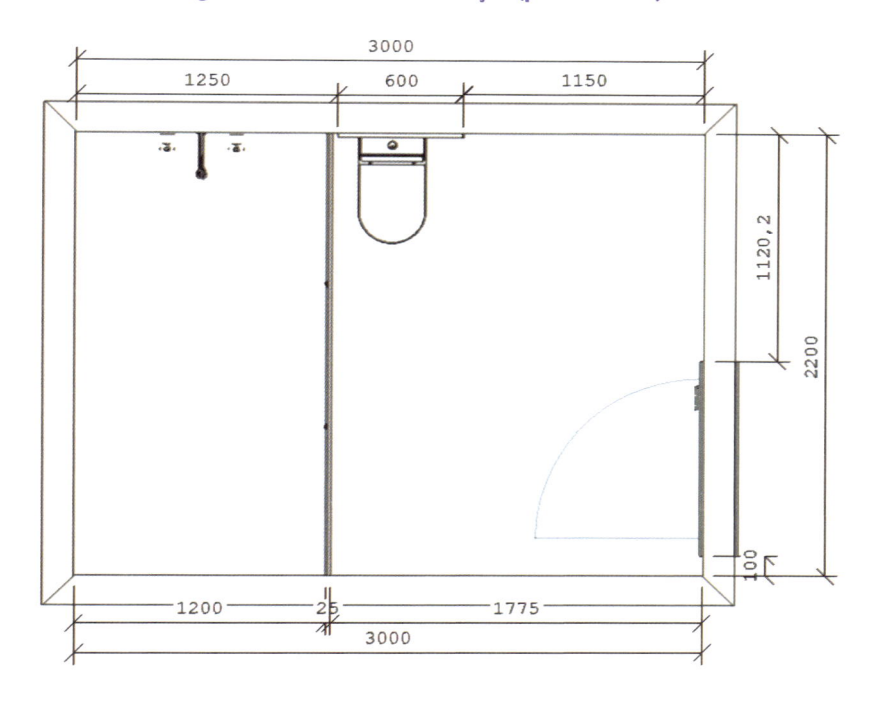

Figura 2.10 – Primeira marcação (planta baixa)

Na figura 2.10, podemos observar que a nossa referência está em milímetros. Vamos convertê-la, então, para centímetros. Veja que a porta está a 100 milímetros de afastamento da parede inferior, ou seja, está afastada 10 centímetros da parede. Clicamos duas vezes em cima do modelo do chão e, assim, estaremos dentro do grupo.

IMPORTANTE

Sempre que você entrar em um grupo, perceba que todo o desenho parece adquirir um tom cinza, como se estivesse apagado, e que aparecem pequenas linhas pontilhadas em volta do grupo selecionado. Essas linhas indicam que você está trabalhando apenas naquele modelo e dentro daquele grupo.

Para facilitar a visualização do modelo em que vamos trabalhar – no caso, o chão –, podemos ocultar as etiquetas que não estão sendo trabalhadas clicando num ícone de um pequeno olho. Assim, o programa mostrará apenas os modelos agrupados nas etiquetas que queremos.

Outra ferramenta que pode ser adicionada à barra de tarefas superior é a *Exibições* (em inglês, *Views*), que ajusta de forma automática a nossa visualização dentro do programa. Com sete opções diferentes, podemos escolher entre visualização isométrica, visualização superior (que seria a nossa planta baixa), visualização frontal, visualização à direita, visualização à esquerda, visualização da parte de trás do modelo e visualização inferior (ou abaixo).

Seguimos, então, para a ferramenta de medidas, que é chamada de *Trena* ou *Fita métrica*, dependendo da tradução do seu programa. Ela pode ser encontrada em dois grupos, na barra de tarefas superior da área de trabalho.

No caso do nosso modelo, vamos colocar primeiramente a visualização superior. Faremos um primeiro clique na representação da linha inferior, que é a parede interna, e um segundo clique a 10 centímetros de distância dessa parede.

Vale lembrar que, sempre que estivermos utilizando a *Ferramenta Fita métrica*, no primeiro clique ela será acompanhada por uma linha colorida (azul, vermelha ou verde). As linhas que acompanham a fita métrica são os eixos em que trabalhamos (X/Y/Z). Quando não temos garantia da precisão, para não haver erros, podemos fixar essa linha em um eixo: basta apertar a tecla direcional esquerda do teclado para travá-la.

Outra função bem parecida com a *Ferramenta Retângulo* (que também existe na *Ferramenta Fita métrica*) é a possibilidade de digitar a medida.

Depois de travar a linha no eixo, digitamos *10 cm*, que é a medida que temos da referência, e apertamos *Enter*. Observe que uma linha tracejada será criada dentro do nosso modelo do SketchUp. Por fim, vamos puxar a segunda linha na parede interna da parte superior e digitar a medida *112 cm*, fechando, assim, a **primeira marcação**.

IMPORTANTE

Repare que a nossa referência não indica a medida exata da porta. Existem duas formas de conseguir essa medida. A primeira é realizando um cálculo, que seria a soma da referência: 10 centímetros de afastamento inferior somados ao afastamento superior do desenho, que seria de 112 centímetros (arredondando para uma conta mais exata). Assim, subtraímos o valor total da parede, de 2 metros e 20 centímetros, ou, no caso, 220 centímetros, e temos o resultado de 980 centímetros. A fórmula em milímetros seria: 100 + 1.120 - 2.200 = 980.

A outra forma de obter a medida é fazendo o desenho dentro do programa. Traçamos com a fita métrica o afastamento inferior do desenho, de 10 centímetros, e depois o afastamento superior, de 112 centímetros. Automaticamente o espaço que sobra entre os 10 e 112 centímetros é equivalente aos 98 centímetros da abertura da porta. Lembre-se de que a nossa porta também tem o seu batente, e normalmente esse batente tem uma espessura de 3 a 5 centímetros, dependendo do acabamento da porta.

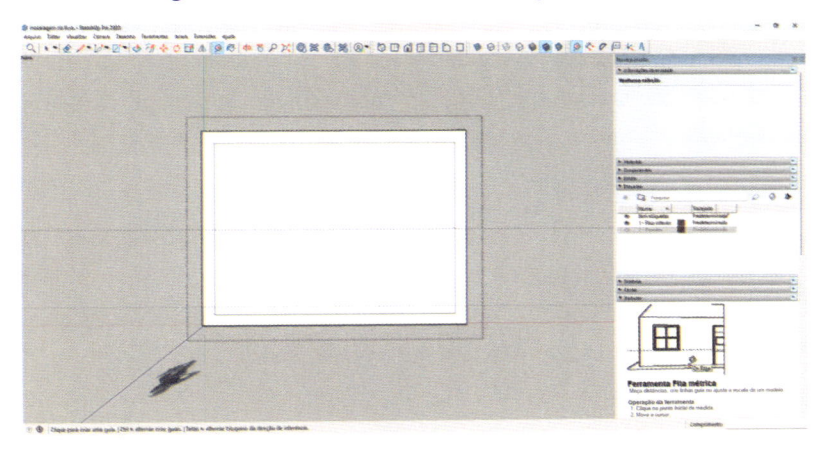

Figura 2.11 – *Ferramenta Fita métrica* (planta baixa)

Finalizada a primeira marcação, vamos adicionar as marcações de referência para a porta. Selecionamos a ferramenta de lápis na barra de tarefas superior e, em seguida, fazemos um risco na linha tracejada superior da parede interna até a linha tracejada da parede externa, e o mesmo na parte inferior do desenho (depois de fazer as marcações, não se esqueça de excluir as linhas tracejadas da fita usando a ferramenta de borracha ou clicando em cima da linha para deletar).

Assim, deixamos já registrado no desenho o espaço em que ficará situada a porta.

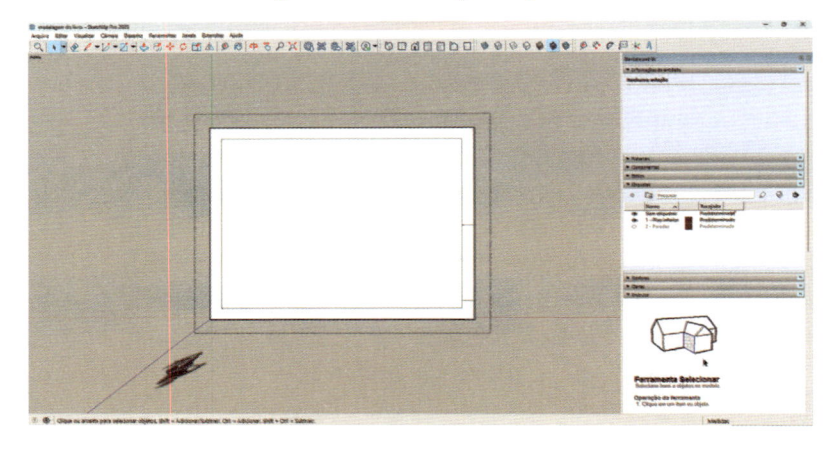

Figura 2.12 – Marcação da porta

A **segunda marcação** a ser feita é a do box do banheiro. Diferentemente da marcação da porta, esta servirá para colocarmos o material de piso do banheiro e também para separar o espaço do chuveiro e das esquadrias de vidro ("blindex").

Ainda dentro do grupo, vamos pegar a *Ferramenta Fita métrica* e, da referência da parede interna à esquerda do desenho, puxar 120 centímetros para a direita. Já vamos também adiantar o espaço dessa esquadria, que é de 2,5 centímetros (ou, arredondando, 3 centímetros).

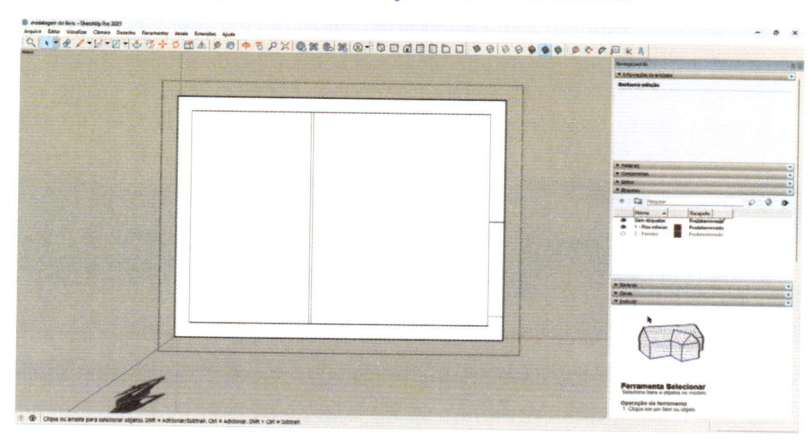

Figura 2.13 – Marcação do box e do blindex

Na última parte desta etapa, fazemos a marcação da janela no chão, que serve para centralizar o vaso sanitário abaixo dela. Puxamos, então, mais uma linha tracejada com a fita métrica. Da parte referenciada da parede interna à esquerda, vamos puxar 125 centímetros para a direita e, depois, para finalizar essa marcação, mais 60 centímetros para a direita.

Agora que temos as duas marcações da fita métrica, fazemos as linhas com o lápis para finalizar a parte do piso inferior com todas as nossas referências marcadas. Na próxima etapa, faremos os furos na parede para, então, começarmos a colocar os materiais e os blocos em 3D.

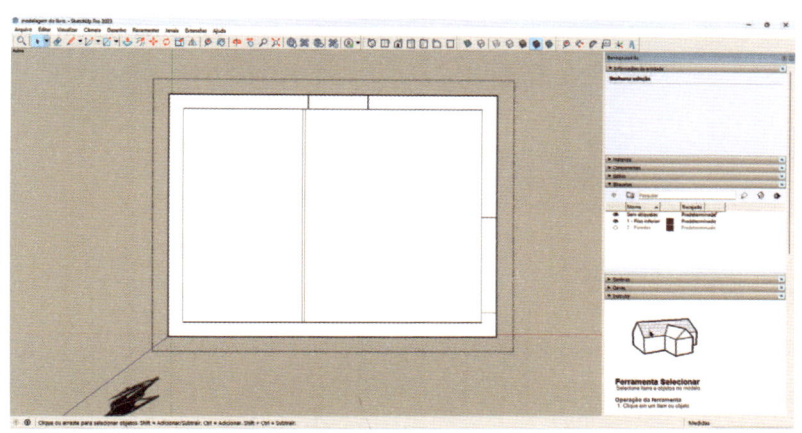

Figura 2.14 – Marcações do piso inferior finalizadas

Aqui, faremos um processo um pouco diferente de como foi realizado no piso inferior: vamos trabalhar de forma livre com a câmera. Para isso, precisamos entender alguns comandos de movimento com a câmera livre.

O **movimento *Pan*** (panorâmico) serve para mover a tela sem que ela rotacione, fazendo apenas um movimento de deslocamento. Já no **movimento de rotação**, conseguimos rotacionar a visualização dentro da área 3D e acessar a visualização em determinados pontos do nosso modelo.

Essas ferramentas podem ser encontradas de duas formas no SketchUp: pelos ícones situados na barra de tarefas superior da viewport (a ferramenta de rotação, também chamada de órbita, é representada por uma seta curvada vermelha com risco preto ao meio, e a ferramenta de movimento panorâmico é representada por uma mãozinha parecida com o mouse e uma seta vermelha que indica as direções direita e esquerda); e pelas teclas de atalho no teclado e no mouse (acionamos o botão *Scroll* do mouse para fazer o movimento de órbita ou rotação, e no movimento *Pan* adicionamos mais uma tecla para bloquear a rotação, apertando *Scroll* + *Shift* esquerdo).

Para iniciar a modelagem da parede, vamos agora para a aba *Etiquetas*. Clicamos no ícone do olhinho para ocultar a etiqueta de piso inferior e habilitar a visualização das paredes.

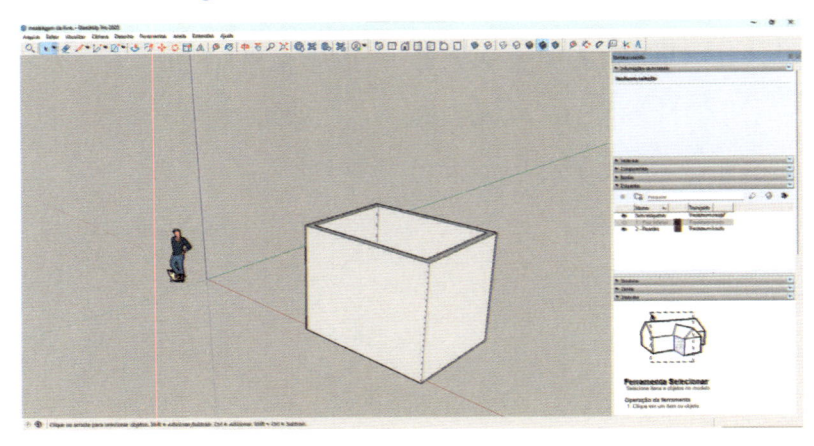

Figura 2.15 – Início das marcações da parede

Assim como fizemos anteriormente, para as marcações da parede, precisamos acessar o grupo (para relembrar, basta dar dois cliques no grupo das paredes).

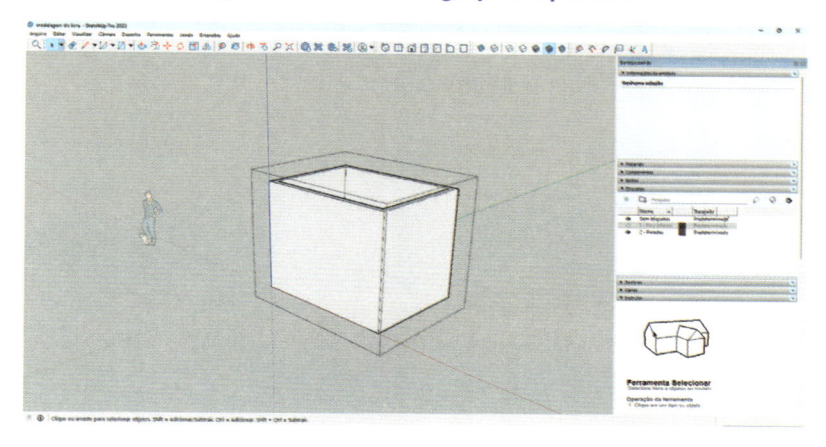

Figura 2.16 – Acesso ao grupo das paredes

Para fazer as primeiras marcações, precisamos posicionar a câmera de uma forma que tenhamos acesso à parte interna do desenho. Assim, puxamos a primeira linha da referência para dentro do modelo.

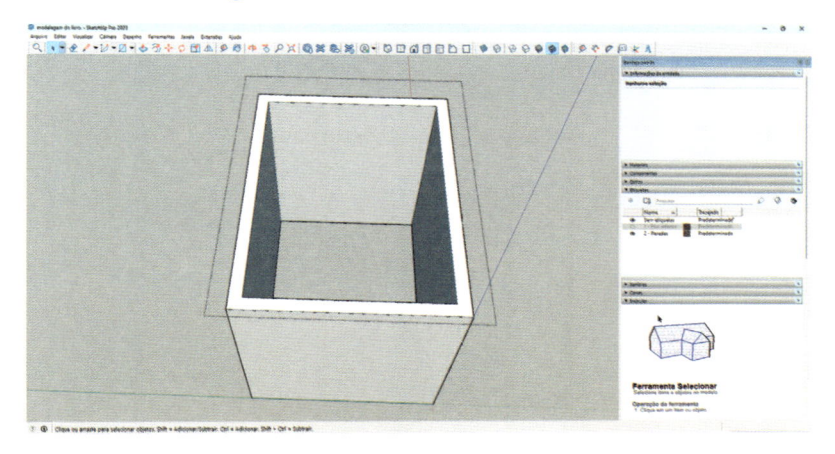

Figura 2.17 – Posicionamento de câmera

Com a câmera posicionada, podemos adicionar as primeiras marcações, que são as da porta. Utilizando a *Ferramenta Fita métrica*, puxamos 10 centímetros da parede direita para a esquerda e, depois, 112 centímetros da parede esquerda para a direita. Temos, assim, a marcação da porta, mas é preciso fazer também a altura dessa porta. Como não temos uma medida de referência para a altura, inserimos uma medida-padrão, que é de 2 metros e 10 centímetros.

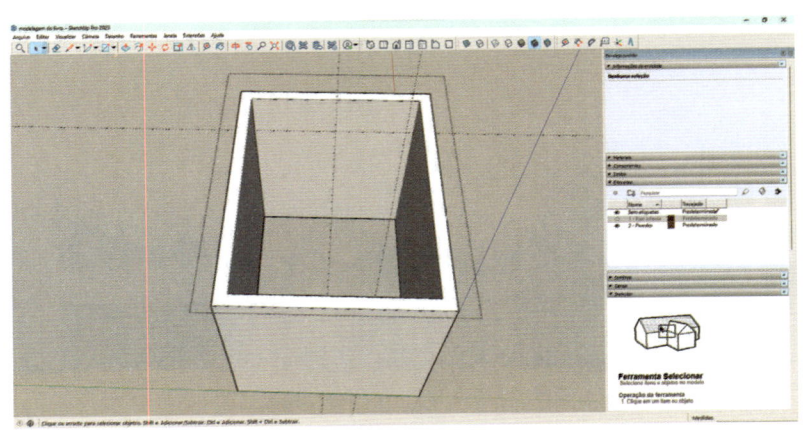

Figura 2.18 – Marcações da porta

Após fazer as marcações, precisamos perfurar a parede para abrir o espaço da porta. Primeiro, utilizamos uma ferramenta, que pode ser uma tampa de lápis ou a *Ferramenta de Formas*, para desenhar um retângulo. Depois, desenhamos as linhas dentro do cruzamento interno das linhas marcadas com a fita métrica.

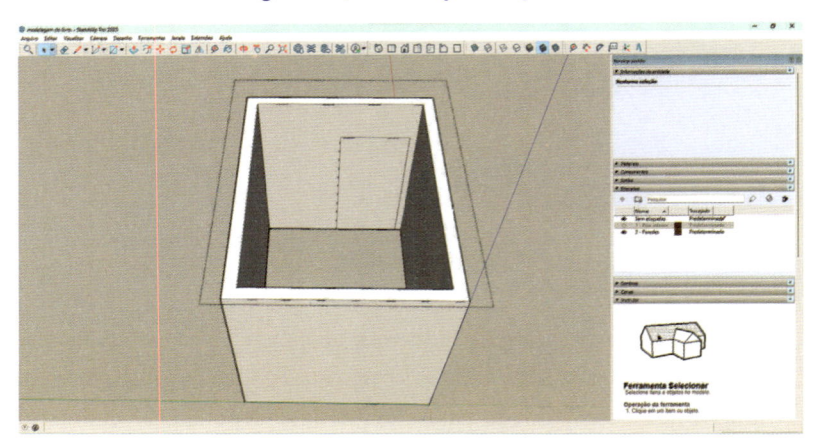

Figura 2.19 – Marcações da porta

Feito o recorte da porta, precisamos perfurá-la para fazer o seu fundo. Usamos a mesma ferramenta que utilizamos para dar espessura aos objetos, mas agora a utilizaremos de forma inversa: para afundar o recorte.

Selecionamos, então, a *Ferramenta Empurrar/Puxar*, marcamos o retângulo que fizemos para a abertura da porta e o empurramos para dentro até aparecer a mensagem "Na face". Isso indica que uma face se encostou na outra, subtraindo o recorte e criando a cavidade, que é a abertura da porta.

Outra forma de fazer esse furo é: também com a *Ferramenta Empurrar/Puxar*, selecionar a face da abertura da porta e digitar a medida da espessura da parede, que seria de 15 centímetros. O furo será feito de forma automática.

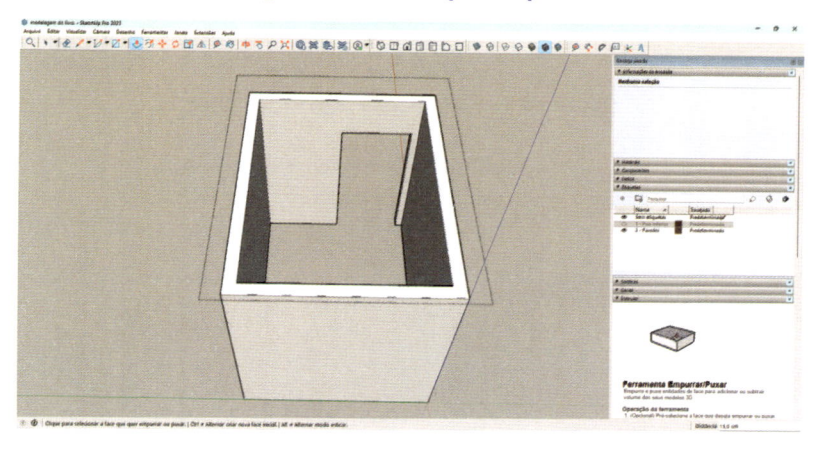

Figura 2.20 – Marcações da porta

Feita a abertura da porta, devemos agora fazer o segundo furo, que é o da janela. Neste exemplo, vamos utilizar as referências ilustradas nas figuras 2.21 e 2.22 para analisar o posicionamento da janela, a altura do seu peitoril, a altura da janela e sua largura.

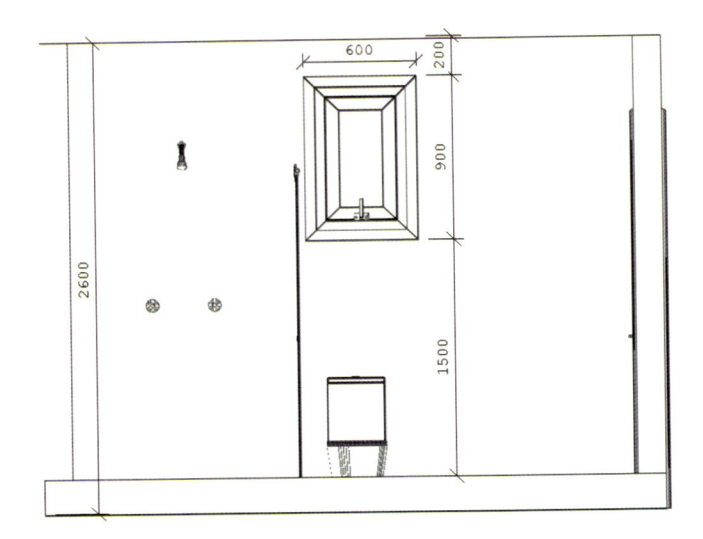

Figura 2.21 – Referências (planta frontal)

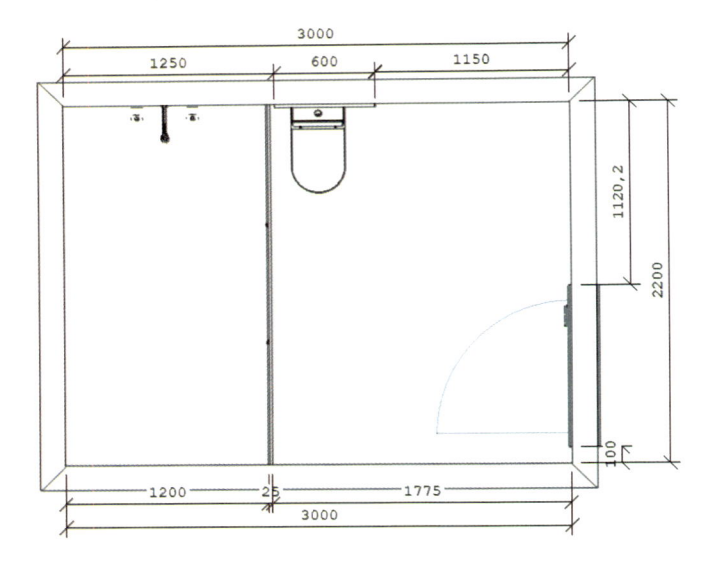

Figura 2.22 – Referências (planta baixa)

Analisando as duas referências, podemos observar que o peitoril está a 1 metro e 50 centímetros de altura do chão. Também vemos que a altura da janela é de 90 centímetros, e já tínhamos uma referência anterior da largura.

Antes de prosseguirmos com a marcação e o furo da janela, precisamos posicionar a câmera para ter acesso à janela.

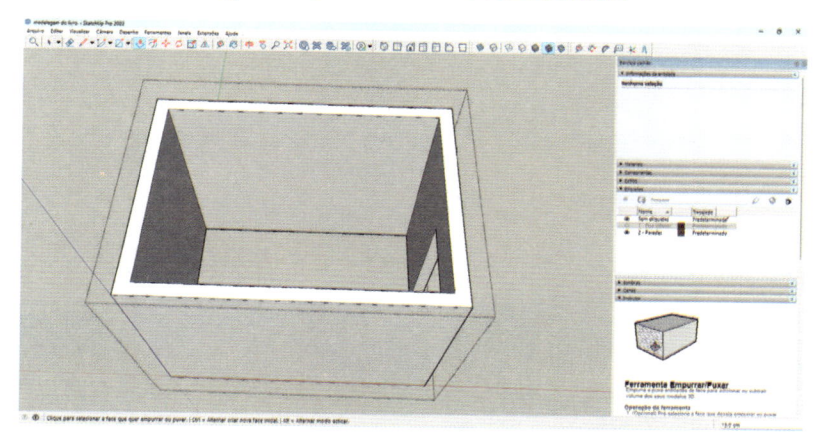

Figura 2.23 – Posicionamento de câmera

Com a câmera posicionada, iniciamos as marcações laterais. A primeira marcação é feita da esquerda para a direita, a 125 centímetros. A partir dessa linha primária, acrescentamos mais 60 centímetros para determinar a largura da janela. Em seguida, traçamos uma linha da parte inferior do desenho, subindo 150 centímetros, para marcar a posição do peitoril. Para a altura da janela, puxamos 90 centímetros para cima.

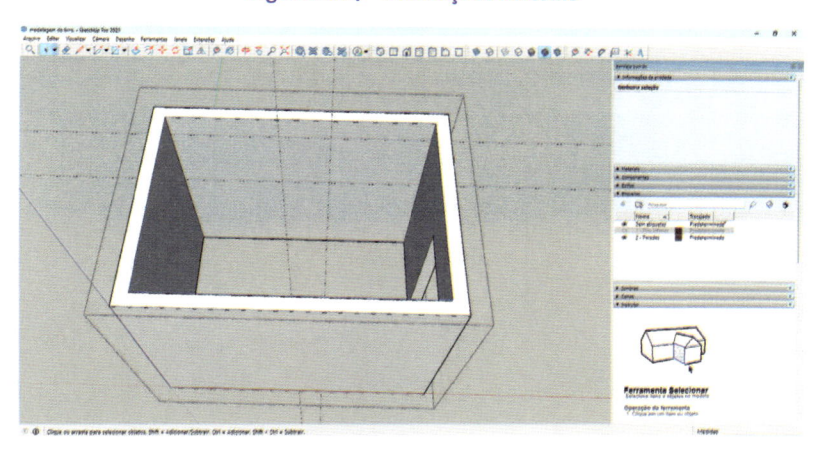

Figura 2.24 – Marcações laterais

Fazemos o furo da janela selecionando a *Ferramenta Retângulo* (*Ferramenta de Formas*) e preenchemos as linhas internas de referência da fita métrica. Depois, utilizamos a *Ferramenta Empurrar/Puxar* para furar a abertura da janela.

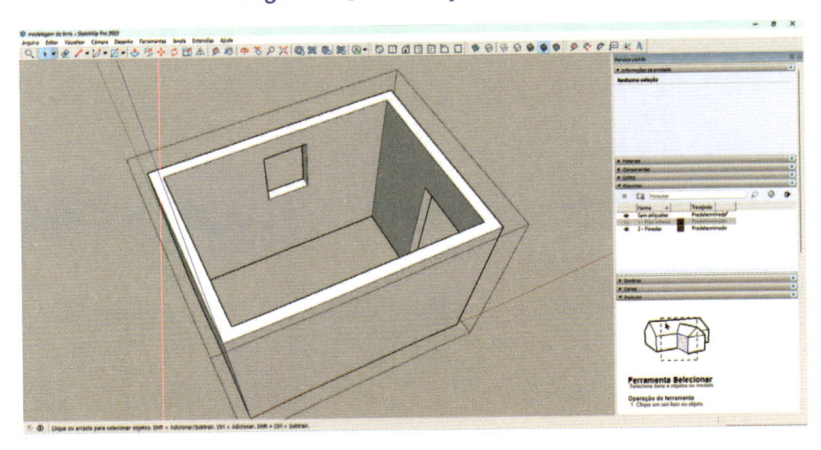

Figura 2.25 – Marcações laterais

Por fim, vamos fazer a linha que divide o box do restante do banheiro para, em seguida, realizar as aplicações corretas dos materiais de acordo com as nossas referências visuais ou as enviadas pelo cliente no briefing. Dessa forma, poderemos adicionar toques visuais que tornarão a maquete mais atrativa.

Para adicionar essa última marcação, puxamos da esquerda para a direita 120 centímetros do desenho, lembrando que estamos nos referindo à parede interna. Podemos finalizar essa marcação com um lápis, riscando da parte superior da parede até a inferior.

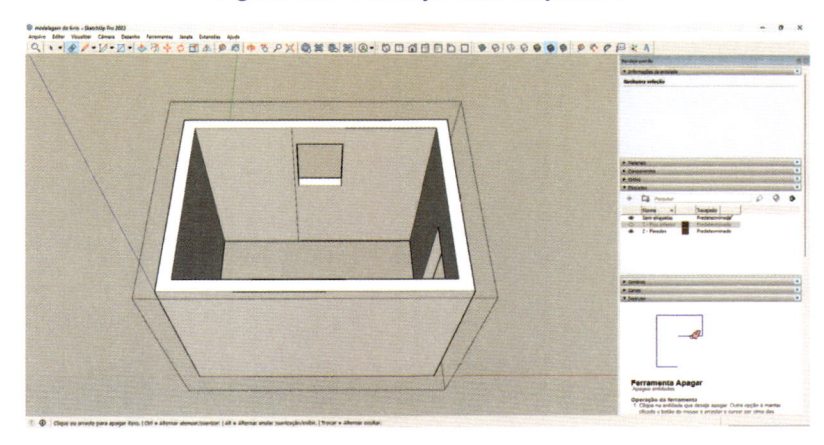

Figura 2.26 – Marcação final da parede

Adicionando materiais

A partir de agora, entramos na parte de adição de materiais. Vale ressaltar que esses materiais não são os mesmos dos utilizados na renderização (que é a transformação de uma imagem ou modelo em uma representação visual em 3D). A diferença entre eles e os de renderização está nos mapas de imagens que precisam ser configurados (mapas de imagens são texturas ou padrões aplicados para definir a aparência dos materiais).

Aqui, vamos adicionar materiais como texturas, mas apenas para fins visuais, ou seja, para melhorar a aparência do modelo sem se preocupar ainda com a precisão dos detalhes técnicos.

Nas figuras 2.27 e 2.28, podemos observar duas referências visuais para a aplicação de materiais. A primeira (2.27) mostra como o cliente gostaria de ter os pisos do banheiro. No caso, o piso do box possui uma espécie de porcelanato marmorizado, que vai do chão até as paredes dentro do box. Já na parte externa do box, o tom de madeira prevalece em relação ao restante da parede.

Figura 2.27 – Referência visual dos pisos do banheiro

A segunda referência (2.28) nos dá a visualização de como o cliente quer a decoração; por exemplo, o espelho do banheiro, o gabinete onde deve ser instalada a cuba, as decorações da parte superior do painel ripado, além de outros aspectos. A referência é sempre muito importante para captarmos ideias, e não para fazer cópias.

Figura 2.28 – Referência visual da decoração do banheiro

Criando materiais

Antes de começar a aplicar os materiais, vamos entender onde eles estão localizados no SketchUp. Na *Bandeja padrão*, que já conhecemos, é possível encontrar a aba *Materiais* e, nela, visualizar algumas informações, como a cor do material.

No ícone de um quadrado com o sinal "+", podemos criar o material. Algumas marcas no mercado disponibilizam em seus sites imagens de seus porcelanatos. Podemos baixar essas imagens e, a partir delas, criar nossos próprios materiais.

SUGESTÃO

Para se familiar com os materiais apresentados, sugerimos as seguintes consultas:

www.portobello.com.br (Portobello)

www.ceramicaportinari.com.br (Portinari)

www.ceusa.com.br (Ceusa)

www.ceramicaincesa.com.br (Incesa)

Abaixo da edição de materiais e criação, é possível redefinir o material do nosso bloco – remover uma cor que foi adicionada, por exemplo. Também podemos observar uma subárea de atuação dos materiais, onde é possível localizá-los, selecioná-los e editá-los. Já temos alguns materiais-padrão adicionados ao SketchUp.

O programa também já possui algumas pastas de materiais. A primeira é a pasta de asfalto. Dentro dela, temos alguns materiais para fazer, por exemplo, a representação de uma rua, uma calçada ou pavimentação. As demais pastas são de azulejo; cobertura de janelas; cores; estampas em 3D; estampas comuns; madeiras; metais; paisagismo, cercas e vegetação; materiais de pedra; superfícies sintéticas; tapetes, tecidos, couros e papéis de parede; materiais para telhado; materiais de tijolo e revestimento; materiais de vidro e espelho; e materiais de água.

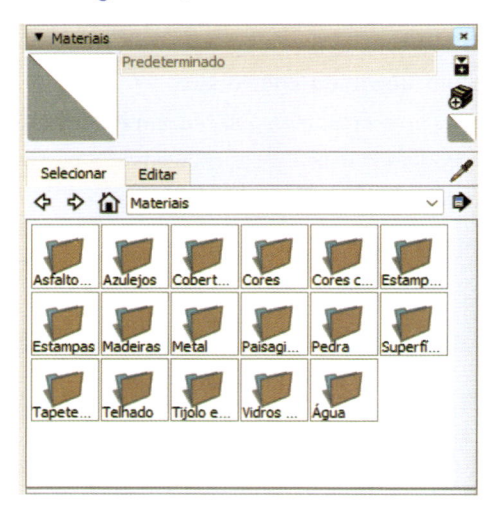

Figura 2.29 – Pastas de materiais

Para começar a criação, podemos então buscar qualquer material na internet, lembrando sempre de seguir a referência indicada. A figura 2.30 apresenta duas imagens retiradas do site da empresa Incesa, ambas de materiais com dimensão 60 cm x 60 cm. É importante sempre verificar a dimensão dos pisos.

Figura 2.30 – Exemplos de materiais: alvorada branco e grafite

Agora vamos para a aba *Materiais* e clicar em *Criar um novo material*. O programa abre uma janela de criação de materiais, na qual, por padrão, o quadrado que representa o material aparece em branco. Em seguida, colocamos o nome desse material, por exemplo, "madeira rústica vermelha 90 x 90 cm", para que assim já tenhamos a referência e suas dimensões, facilitando nosso trabalho.

A seguir, temos a roda de cores, que não precisa ser alterada, pois vamos utilizar uma imagem que se ajustará automaticamente. Logo abaixo, encontramos a aba de textura, onde é possível inserir o material e ajustar suas dimensões. Caso necessário, podemos alterar a opacidade do material, embora seja recomendável mantê-la sempre em 100%.

Para criar o material, basta então clicar na opção *Procurar arquivo de imagem de material*, que é representada por uma pasta parcialmente aberta abaixo da linha de textura.

Figura 2.31 – Criação de materiais

Aplicando materiais

Configurados os materiais, vamos começar a aplicá-los dentro da nossa maquete. Com todo o processo de marcação e furo já feito, precisamos agora entrar nos grupos e realizar a aplicação nas partes que foram recortadas no processo anterior.

Sabemos que o piso dentro do box será de porcelanato com a textura marmorizada. Selecionamos o grupo do piso e clicamos duas vezes para acessá-lo. Na barra de materiais, encontramos as texturas na aba *No modelo*. Podemos, então, selecionar o material e aplicar nos recortes.

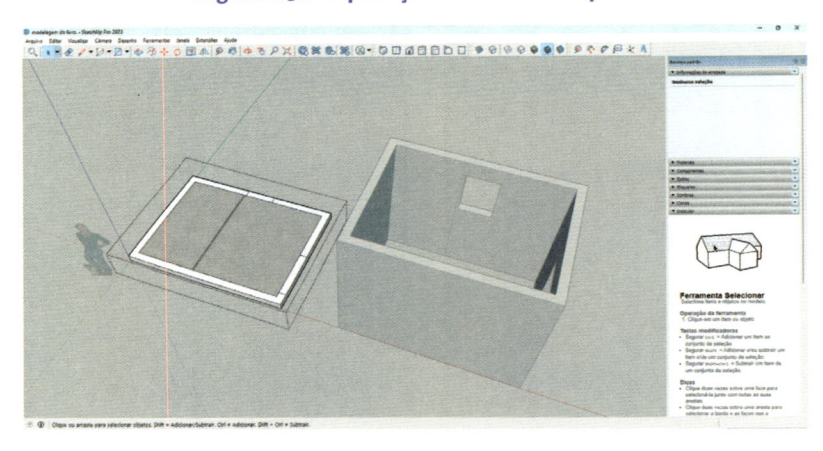

Figura 2.32 – Aplicação de materal no piso

Após finalizar a aplicação no piso, vamos para a parede. Com apenas um clique no lado externo, conseguimos sair do grupo do chão. Para acessar o grupo das paredes, repetimos o processo dos dois cliques.

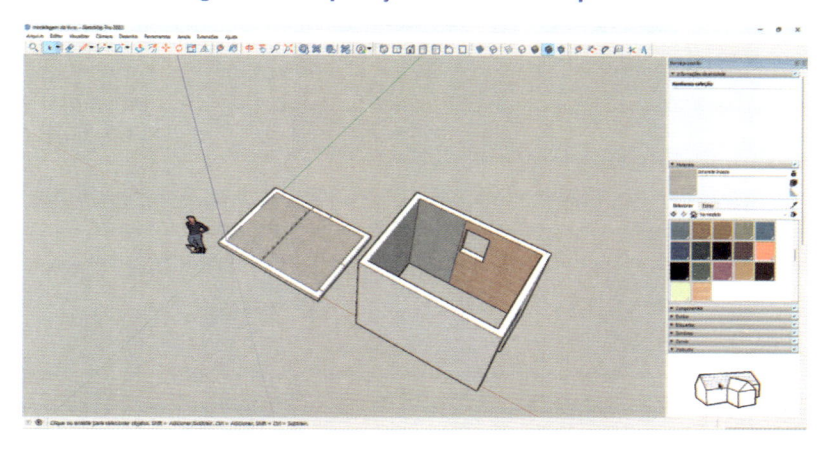

Figura 2.33 – Aplicação de material na parede

Colocando blocos com o 3D Warehouse

Finalizada a aplicação dos materiais, o próximo passo é trazer realismo para a nossa maquete. Um modo de fazer isso é utilizando o Warehouse, um dos principais recursos do SketchUp.

O Warehouse é uma biblioteca on-line que permite aos usuários acessar uma infinidade de modelos 3D pré-fabricados, materiais, componentes e plug-ins. Integrado ao SketchUp, é um ótimo recurso para designers, arquitetos e engenheiros. Essa grande coleção de objetos prontos elimina a necessidade de criar todos os componentes do zero, economizando uma quantidade significativa de tempo e esforço.

O acesso ao Warehouse é perfeito: podemos simplesmente navegar até a janela do 3D Warehouse no SketchUp e procurar o objeto desejado. Também podemos fazer upload e compartilhar nossas próprias criações com a comunidade SketchUp.

Além de objetos, o Warehouse oferece materiais, texturas e dados de geolocalização que podem ser aplicados em modelos. Esse recurso nos permite aprimorar a estética visual dos designs com texturas e materiais de alta qualidade, seja simulando madeira, metal, vidro ou concreto.

O Warehouse tem compatibilidade com outros softwares de modelagem 3D, possibilitando importar e exportar modelos, e oferece modelos em diversos formatos de arquivo. Com ele, podemos prototipar ideias rapidamente e explorar novas possibilidades de design para criar modelos 3D.

Para conhecermos o Warehouse na prática, vamos localizá-lo na barra superior de ferramentas do SketchUp. Ele é representado por um cubo azul com uma setinha azul para baixo.

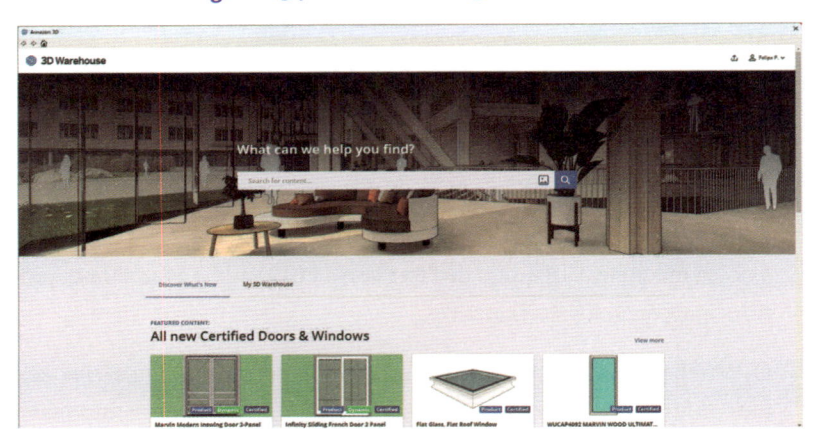

Figura 2.34 – Tela inicial do 3D Warehouse

Após abrir o Warehouse, é possível visualizar alguns modelos já prontos na parte inferior. O máximo que precisamos fazer é ajustar, se necessário, as dimensões do bloco.

Na barra de pesquisa inicial, podemos começar pesquisando as portas. É recomendado buscar as palavras em inglês (no caso, "*door*"), porque o SketchUp não está 100% traduzido para o português.

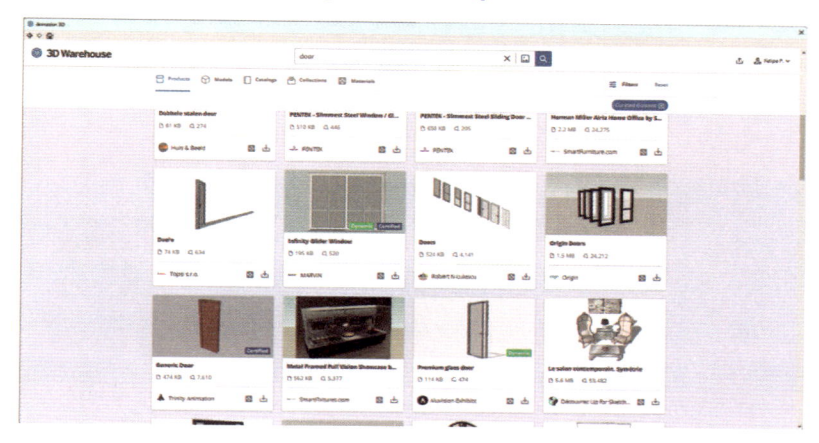

Figura 2.35 – Pesquisa

Aparecem infinitos blocos de modelos na pesquisa. No nosso caso, podemos escolher o bloco chamado *Generic Door*, que é suficiente para a representação que necessitamos. Clicando no ícone para download, é possível baixar o modelo diretamente para dentro da nossa maquete no SketchUp; basta clicar em *Sim*.

Figura 2.36 – Importação do bloco

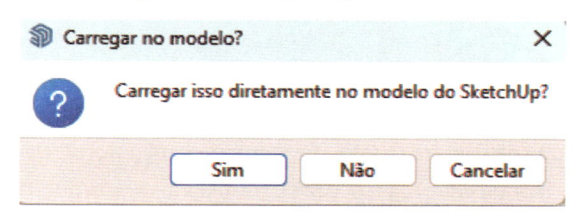

Após importar o modelo, precisamos selecionar um local para a porta. Aqui, já podemos colocá-la na frente do grupo de paredes.

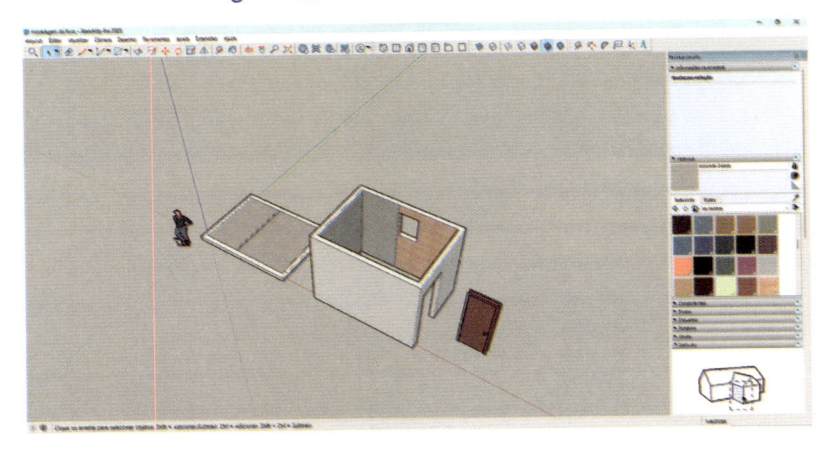

Figura 2.37 – Bloco dentro do SketchUp

Para colocar a porta em seu devido lugar, que é na abertura que fizemos para a parede, precisamos posicionar o objeto de forma correta, rotacionando-o em relação à abertura.

Existem duas formas de rotacionar um objeto: pela ferramenta de rotação e pela ferramenta de mover (mais indicada). Esta fica localizada na barra de tarefas superior, representada por uma cruz vermelha. A tecla de atalho para selecionar a ferramenta é a *M*.

Fazemos a seleção do objeto e, em seguida, da ferramenta. É possível ver no desenho que ela tem pequenas cruzes em cada face. Se posicionamos o visualizador na câmera frontal diretamente para a porta, ela mostra os movimentos frontais de rotação, para a direita e para a esquerda, nos sentidos horário e anti-horário. Para a rotação lateral, posicionamos a câmera na parte superior da porta e a encaixamos na abertura da parede.

Na figura 2.38, notamos as pequenas cruzetas na parte superior da porta, onde podemos dar um clique com o botão esquerdo do mouse e fazer os movimentos de rotação.

Figura 2.38 – Posicionamento da porta

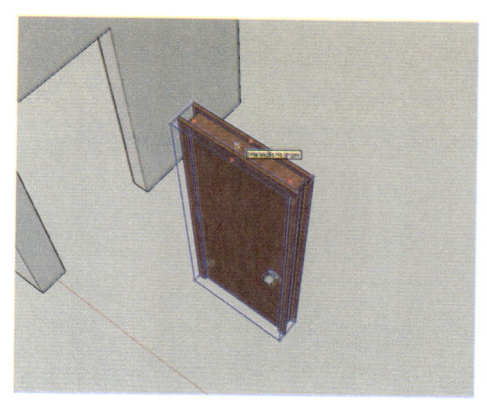

Após o clique, é possível ver o medidor de giros na parte superior da porta. Ele é responsável por mostrar os eixos de rotação em que precisamos posicioná-la.

Figura 2.39 – Posicionamento da porta

Com a porta posicionada, selecionamos a ferramenta de mover e, então, clicamos nas âncoras que aparecem nas junções das linhas azuis que contornam o objeto. Lembre-se de posicionar o mouse no canto da abertura da porta onde queremos encaixá-la.

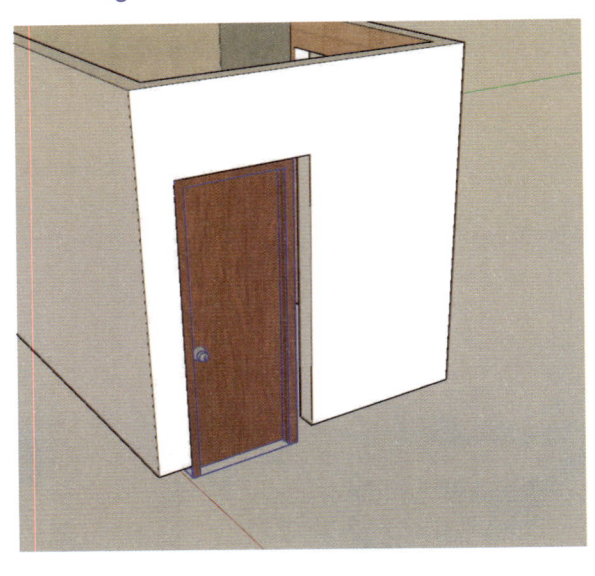

Figura 2.40 – Posicionamento da porta

Na figura 2.40, podemos observar que faltou um espaço a ser preenchido por essa porta: ela ficou menor que a abertura lateral e maior que a altura da parede. Para adequar o modelo à abertura da porta, tanto em termos de largura quanto altura, utilizamos uma ferramenta de ajuste chamada *Escala*.

A ferramenta *Escala* está localizada na barra de tarefas superior. Ela é representada por dois quadrados, um maior e um menor, e uma seta na diagonal do quadrado menor. Fica ao lado da ferramenta de movimentar e de rotacionar.

Sempre que selecionamos um objeto e a ferramenta em volta dele, é possível ver âncoras verdes, que são os pontos de transformação do objeto. Cada ponto realiza uma transformação específica. Os pontos que vamos ajustar são apenas os centrais. Em cada lateral do objeto, há três pontos: dois nas extremidades direita e esquerda, e um no centro. Como vamos ajustar apenas a altura e a largura, selecionamos apenas os pontos centrais da lateral direita e o ponto central na parte inferior do desenho. Assim, ajustamos o objeto para que se encaixe exatamente na abertura feita na parede.

Figura 2.41 – Ferramenta *Escala*

Para ajustar corretamente a largura da porta na parede, clicamos na âncora central do lado direito da porta e movemos o mouse ao longo da linha preta, garantindo que a linha central se alinhe exatamente com a face. O recurso de snap automático ajudará a fixar a porta na abertura correta. Em seguida, podemos fazer o mesmo ajuste para a altura.

Figura 2.42 – Ferramenta *Escala* (ajuste)

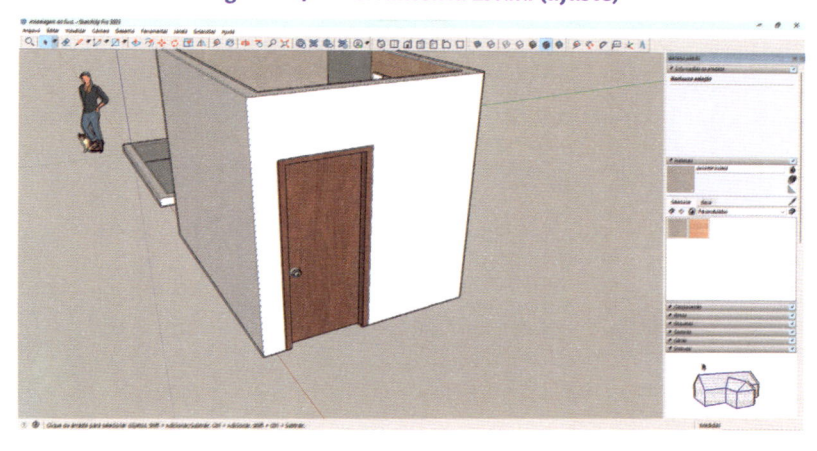

Agora, podemos fazer a janela e o vaso sanitário, e depois a blocagem da pia.

Figura 2.43 – Finalização

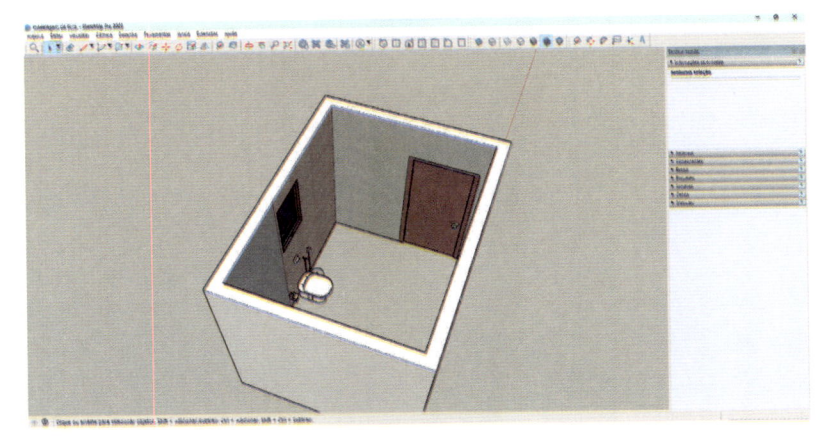

Colocamos, enfim, nossos primeiros blocos. A próxima etapa é a de blocar a pia, fazer os armários e depois a decoração. Mas, antes de seguir para a parte final da maquete, precisamos organizar as etiquetas; isso porque, ao baixarmos blocos diretamente do Warehouse, eles já vêm com suas próprias etiquetas, causando certa desorganização, como podemos ver na figura 2.44.

Figura 2.44 – Etiquetas

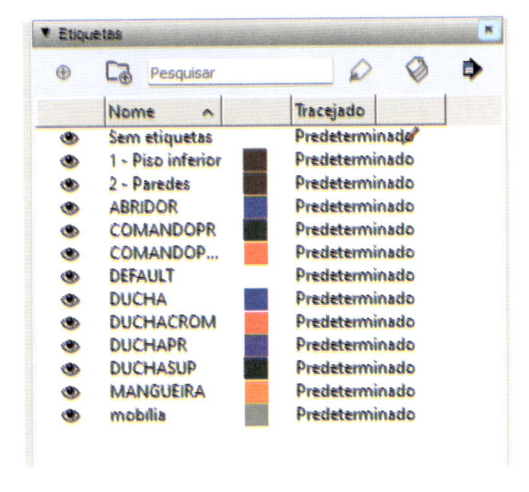

Para reorganizar as etiquetas, precisamos primeiro identificar quais foram criadas além daquelas que estamos usando para organização. Por exemplo, se as minhas etiquetas são numeradas, posso facilmente ver que tenho a etiqueta número 1 e a número 2. Abaixo dessas, há outras sem numeração que foram importadas do Warehouse. Essas são as etiquetas que devemos apagar.

Ao deletar uma etiqueta, **o objeto não é apagado**, apenas a etiqueta. Selecionamos, então, todas as etiquetas que não queremos, clicamos com o botão direito sobre elas e escolhemos a opção *Apagar etiquetas*. Aparecerá uma mensagem perguntando para onde elas serão enviadas. Neste momento, lembramos da etiqueta "Sem etiquetas", que é nosso backup. Quando temos etiquetas desnecessárias, podemos apagá-las e elas serão movidas para "Sem etiquetas", preservando nossa organização.

Agora, clicamos em *OK* para atribuir as etiquetas que estamos apagando ao grupo "Sem etiquetas".

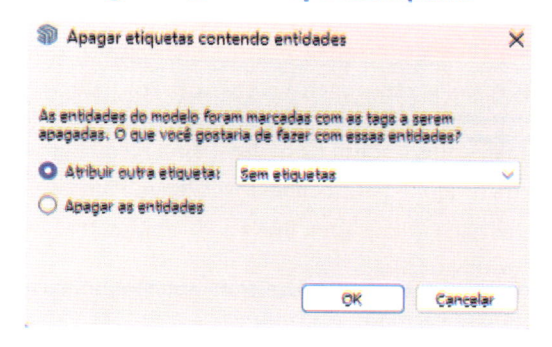

Figura 2.45 – Atribuição de etiquetas

Apagadas as etiquetas, podemos agora criar uma etiqueta para cada bloco que baixamos e inserimos na maquete. Como fizemos anteriormente, é possível gerar uma etiqueta seguindo a numeração e, em seguida, o objeto, e repetir o processo para cada bloco. Finalizamos, assim, a reorganização de etiquetas.

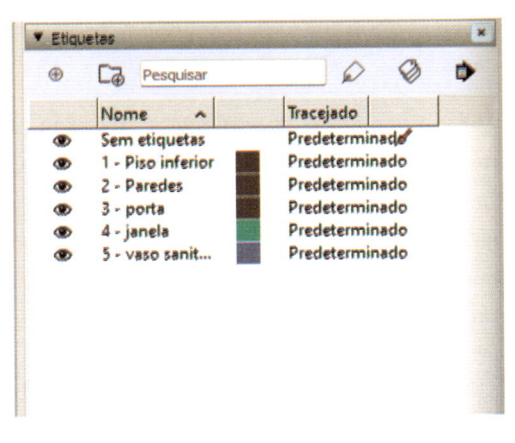

Figura 2.46 – Etiquetas organizadas

Como última etapa dessa modelagem, vamos colocar a cuba de sobrepor e fazer a pedra da bancada. Depois, montaremos a maquete, que ainda está separada em partes (o chão está separado das paredes e do teto). Precisamos finalizar essa parte da modelagem para, em seguida, montar as três partes da maquete (piso, paredes e teto) e, então, partir para a renderização.

Primeiro, marcamos a altura da pedra – uma média de 80 a 90 centímetros –, que servirá de apoio para a cuba de sobrepor. Para isso, podemos selecionar a fita métrica e puxar uma linha a 90 centímetros de altura da parede próxima à porta ao lado do vaso.

Figura 2.47 – Medidas

Na figura 2.47, podemos visualizar a marcação das linhas: a altura da base é de 90 centímetros, a espessura da pedra é de 5 centímetros (ou seja, adicionamos mais 5 centímetros para cima), e a largura da parede até próximo ao vaso é de 90 centímetros.

Agora que temos a base do desenho, podemos utilizar as ferramentas de modelagem para puxar a pedra. Como vimos anteriormente, basta fazer o processo de repetição: vamos selecionar a *Ferramenta Retângulo* e puxar uma fórmula entre as quatro linhas marcadas pela fita métrica.

Figura 2.48 – Encaixe da pedra da pia

Após criar a pedra da pia, seguimos com a elaboração do frontão. Em seguida, acessamos o Warehouse para buscar a cuba de sobrepor. Para fazer o frontão, podemos definir uma altura entre 5 e 15 centímetros. Essa seria uma escolha voltada para a parte estética, não seguindo rigorosamente princípios de ergonomia ou normas arquitetônicas.

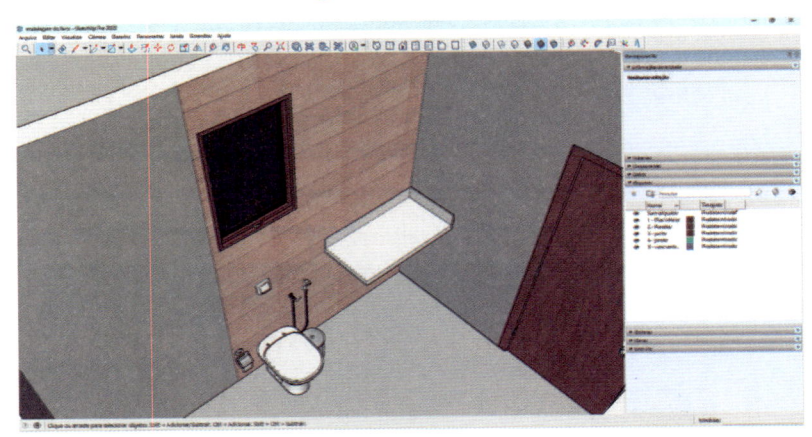

Figura 2.49 – Frontão

Selecionamos agora todo o bloco para protegê-lo em um grupo e etiquetá-lo. Recomendamos buscar também uma textura para aplicar ao modelo e no Warehouse buscar a cuba de sobrepor.

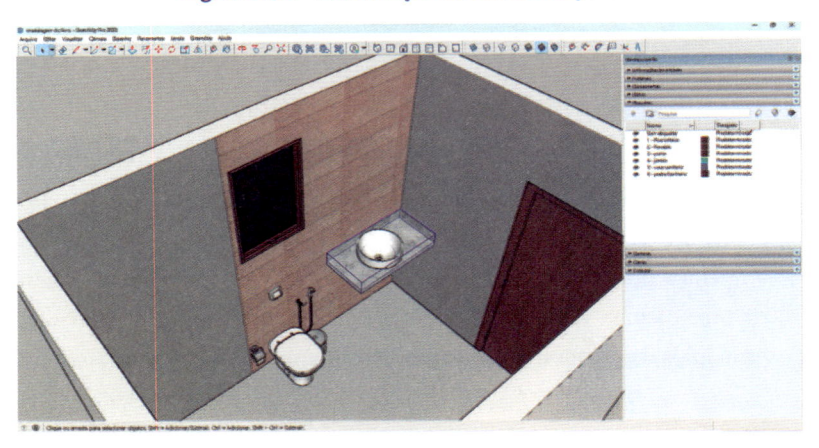

Figura 2.50 – Finalização da cuba e da pedra

A etapa final é desenhar o armário, que ficará abaixo da pedra e da cuba. Para garantir que o ambiente seja bem planejado para o cliente, atendendo tanto aos aspectos visuais quanto às questões de mobilidade, espaço e conforto, precisamos compreender o que é ergonomia, assunto do próximo tópico.

> **PRATICANDO**
>
> Que tal finalizar sozinho(a) o banheiro? Sugerimos continuar a leitura do livro para aprender novos conceitos e criar um projeto executivo com ainda mais qualidade.

ERGONOMIA

A ergonomia é a ciência que estuda a relação entre o homem e o ambiente que o cerca, visando proporcionar conforto, segurança e eficiência das atividades humanas.

Neste tópico, vamos entender a importância da ergonomia na arquitetura e como esses princípios ergonômicos podem ser efetivamente representados em uma maquete eletrônica. Também abordaremos os diferentes tipos de ergonomia e sua aplicação em ambientes diversos.

Desenvolvimento

A ergonomia na arquitetura prioriza o conforto e o bem-estar das pessoas. Espaços mal projetados podem causar desconforto físico e mental, levando à fadiga, a dores musculares e até mesmo a problemas de saúde a longo prazo.

Na concepção de um projeto moderno, entender e aplicar corretamente os princípios da ergonomia é essencial para criar espaços adequados às necessidades e características dos usuários.

Além do conforto, a ergonomia tem como objetivo garantir a segurança e a eficiência das atividades realizadas nos espaços. Por exemplo: a disposição correta dos móveis e equipamentos em um local de trabalho pode evitar acidentes e melhorar o desempenho dos trabalhadores. Da mesma forma, uma circulação adequada em um ambiente hospitalar pode facilitar o atendimento e garantir a segurança dos pacientes e profissionais de saúde.

A ergonomia na maquete eletrônica

A representação da ergonomia em uma maquete eletrônica permite visualizar o projeto de forma mais realista. Utilizamos softwares de modelagem 3D, como o AutoCAD e o SketchUp, para representar a ergonomia de forma precisa, levando em conta as dimensões e as proporções ideais para o conforto e a fluidez dos movimentos no ambiente.

A inserção de elementos ergonômicos na maquete envolve a representação de móveis, equipamentos e outros elementos presentes no ambiente. É necessário considerar medidas antropométricas dos usuários para garantir que esses elementos façam parte de suas características físicas.

Além disso, é possível simular a iluminação e a ventilação do espaço, garantindo conforto visual e térmico aos ocupantes.

Tipos de ergonomia e aplicação

A **ergonomia física** diz respeito à adaptação do espaço às características físicas das pessoas. São utilizados aspectos como altura correta das mesas, cadeiras ergonômicas, iluminação adequada, entre outros. Esses elementos são essenciais para prevenir problemas posturais, fadiga muscular e outros desconfortos físicos.

A **ergonomia cognitiva** está relacionada à forma como o ambiente afeta o processo cognitivo dos usuários. Isso inclui a organização do espaço, a disposição dos elementos de trabalho, a facilidade de acesso às informações e a redução de estímulos distrativos. Esses aspectos são importantes para uma maior eficiência e concentração nas atividades realizadas.

Já a **ergonomia organizacional** abrange a relação entre o ambiente físico e o contexto organizacional. Valoriza-se a oferta de espaços de trabalho, a interação entre equipes, a comunicação interna e outros fatores que influenciam a produtividade e o bem-estar dos colaboradores. Um ambiente organizacional ergonomicamente adequado favorece a colaboração, a comunicação e a eficiência das tarefas.

A aplicação de diferentes tipos de ergonomia em diversos contextos arquitetônicos contribui para a melhoria do bem-estar e da qualidade de vida das pessoas. Portanto, todos os profissionais da área devem estar atentos e se capacitar para desenvolver projetos mais humanizados e funcionais (Neufert, 2013).

LAYOUT E PROJETO EXECUTIVO

Layout

Um aspecto fundamental para criar um layout de sucesso no SketchUp é ter uma visão completa do projeto desde o início. Isso envolve, como vimos no primeiro capítulo, planejar cuidadosamente, considerando fatores como escala, proporção e funcionalidade. É importante compreender os requisitos do projeto, bem como de quaisquer restrições ou limitações.

Para criar um layout bem executado, é preciso prestar atenção aos detalhes, o que significa reservar um tempo para medir e alinhar objetos com precisão, garantindo que tudo esteja devidamente dimensionado e posicionado dentro do modelo.

Outro aspecto importante é o uso de camadas e grupos. Ao organizar objetos em camadas e grupos, podemos gerenciar e manipular facilmente diferentes elementos do design sem afetar outras partes do modelo. Assim, mantemos o projeto organizado e realizamos alterações ou ajustes quando necessário.

Além disso, dominar o uso de componentes e grupos pode aumentar a eficiência do processo de design no SketchUp, agilizando o fluxo de trabalho em projetos complexos. Os componentes são objetos reutilizáveis que podem ser duplicados e editados em todo o modelo, enquanto os grupos permitem combinar vários objetos em uma única unidade para facilitar a manipulação.

Também é importante aproveitar o recurso de componentes dinâmicos do software. Eles são objetos que podem ser programados para mudar com base em determinados parâmetros, fornecendo designs interativos e personalizáveis. Ao incorporar componentes dinâmicos em um layout, criamos modelos responsivos que mostram melhor nossa visão de design.

Por fim, elaborar uma apresentação do layout atraente e bem organizada é essencial. Cenas e animações podem ser criadas para promover visualizações dinâmicas que destacam recursos ou elementos específicos. Dessa forma, conseguimos comunicar com eficácia nossas ideias de design.

Projeto executivo

Um projeto executivo é um conjunto de desenhos e especificações que informam a intenção e os detalhes técnicos do projeto aos empreiteiros, construtores e outros profissionais interessados.

Para criar um projeto executivo no SketchUp, o primeiro passo é modelar com precisão o desenho em 3D. Isso envolve a criação de representações detalhadas do modelo ou objeto (como o banheiro que modelamos aqui), incluindo dimensões, materiais e texturas. Algumas ferramentas avançadas de modelagem do software são: *Ferramenta Siga-me*, *Ferramenta Empurrar/Puxar* e *Ferramentas Sólidas*.

Assim que o modelo 3D estiver concluído, a próxima etapa é gerar a documentação 2D. Criamos, então, vistas de elevação, vistas planas, seções e detalhes que representam com precisão o projeto em 2D – também é possível fazer isso dentro do AutoCAD.

A *Ferramenta Layout* do SketchUp é usada para criar desenhos com aparência profissional, dimensões e anotações precisas, de forma que o resultado seja facilmente compreensível para outras pessoas. Componentes dinâmicos e esquemas também são utilizados para criar objetos paramétricos, que podem ser modificados e atualizados durante todo o processo de design.

Na última etapa, criamos renderizações e visualizações realistas do design, como veremos melhor no próximo tópico. É preciso saber realizar a aplicação de materiais, iluminação e texturas ao modelo para criar imagens e fotos que representem o design final.

IMPORTANTE

==É de extrema importância a comunicação visual no processo de design para criar visualizações que ajudam as partes interessadas a visualizarem o projeto antes de ele ser construído.==

A criação de um projeto executivo no SketchUp requer, portanto, conhecimento dos recursos e funções do software, bem como habilidades avançadas em modelagem, documentação e visualização. Seguindo as etapas descritas, podemos criar projetos executivos criativos e de alta qualidade profissional.

MATERIAIS REALISTAS

O que são os materiais realistas e qual sua importância para uma maquete eletrônica?

Em uma representação em 3D de um espaço, como uma casa ou um quarto, os materiais escolhidos para os móveis, paredes e objetos exercem um papel fundamental. Eles são como as roupas que os objetos usam, conferindo-lhes texturas, brilhos e aparência que imitam os materiais do mundo real.

Neste tópico, vamos explorar os principais materiais utilizados para renderizar uma maquete 3D, discutindo o uso de mapas de texturas e como os materiais reagem à luz.

Mapa de texturas e luz

Quando se trata de renderizar uma maquete eletrônica, uma das chaves para alcançar um resultado realista é escolher os materiais certos.

Entre os principais materiais usados na renderização de maquetes estão os mapas de texturas, que nos permitem aplicar diferentes padrões visuais, como texturas de madeira, metal ou concreto, em superfícies virtuais. Mapas de texturas detalhados ajudam a recriar com precisão a aparência e a sensação de diversos materiais.

Um exemplo comum de mapa de texturas é o **Bump Map** (mapa de relevo), que adiciona a ilusão de detalhe à superfície. Esse mapa cria a sensação de rugosidade, relevos e pequenos detalhes, aumentando a percepção de realismo na maquete. Por exemplo: ao usar um Bump Map em um objeto de madeira, como uma mesa, pode-se criar a aparência de veias de madeira e algumas imperfeições, sem a necessidade de modelar esses detalhes individualmente.

Outro tipo de mapa de texturas muito utilizado é o **Specular Map** (mapa especular), que controla a reflexão especular dos materiais. Essa reflexão é o brilho ou o reflexo da luz nas superfícies. Ao ajustar o Specular Map, é possível determinar em quais partes do objeto é refletida mais ou menos luz. Por exemplo: um material metálico tem uma reflexão especular mais intensa do que uma parede de tijolos.

Além dos mapas de texturas, devemos considerar como os materiais se comportam quando a luz incide sobre eles – afinal, a luz é um elemento essencial para criar sombras, destacar detalhes e dar vida à maquete.

A interação entre os materiais e a luz determina como eles são vistos na maquete eletrônica. Por exemplo: um material metálico deve refletir a luz de forma mais direta e intensa, resultando em um brilho característico. Já um material fosco, como madeira ou tecido, deve absorver mais luz, criando sombras sutis e uma aparência menos brilhante.

A física da luz também tem uma importante função na renderização de materiais. A refração da luz ocorre quando ela passa de um meio para outro, como do ar para a água. Essas informações podem ser replicadas em uma maquete ao usarmos materiais transparentes, como vidro ou acrílico. Aplicando a referência corretamente, criamos efeitos de transparência e perda da luz.

Vale ressaltar que outros fatores, como a iluminação adequada, influenciam no realismo de uma maquete eletrônica. Uma iluminação cuidadosamente planejada destaca os materiais escolhidos, realçando suas características e texturas. Da mesma forma, sombras realistas ajudam a criar profundidade e volume na maquete.

Tipos de mapa de imagem

Cada tipo de mapa de imagem possui um papel específico na renderização, influenciando a aparência final do material:

- **Albedo**: define a cor base do material, influenciando diretamente a forma como ele reflete a luz. Um mapa de albedo de alta qualidade captura variações de cor e textura, criando um resultado mais realista.

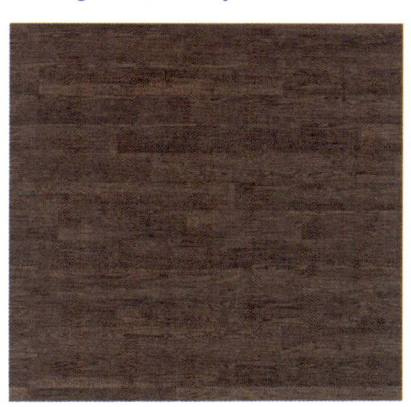

Figura 2.51 – Mapa de albedo

- **Normal**: controla a rugosidade da superfície, determinando como a luz é espalhada e difusa. Um mapa normal detalhado aumenta o realismo, adicionando microdetalhes, como imperfeições e rugosidades.

Figura 2.52 – Mapa normal

- **Displacement**: permite deformar a superfície do objeto em tempo real, criando relevos e profundidades. É ideal para simular objetos com texturas complexas, como tijolo, pedra ou madeira.

Figura 2.53 – Mapa displacement

- **Ambient occlusion**: simula a oclusão ambiental, escurecendo áreas que não recebem luz direta. Aumenta a profundidade e o realismo da cena, especialmente em áreas de sombra e cantos.

- **Metalness**: controla o quão metálico o material se comporta, influenciando a refletividade da luz. Um valor alto de metalness resultará em um material mais reflexivo, como o metal polido.

- **Specular**: define a intensidade e o brilho especular, que é o reflexo da luz brilhante em superfícies lisas. Um Specular Map pode controlar a nitidez e a dispersão do brilho.

- **Transmission**: permite que a luz passe através do material, simulando translucidez ou transparência. É essencial para renderizar objetos como vidro, água ou folhas translúcidas.

A combinação de diferentes mapas de imagens é uma das técnicas para criar materiais convincentes. Ao ajustar cada mapa individualmente, podemos controlar como a luz interage com a superfície.

> **IMPORTANTE**
>
> A escolha dos materiais, juntamente com o uso de mapas de texturas e a compreensão do comportamento da luz, é fundamental para alcançar um bom resultado.

Conceitos de iluminação 3D

Agora, vamos imaginar que estamos criando uma casa virtual no computador, cheia de objetos em 3D, como personagens, móveis e ambientes. Pense em como a luz interage com esse mundo. A iluminação 3D é a técnica que dá vida a esse mundo, fazendo com que a luz atinja os objetos de maneira realista.

Existem três componentes principais na iluminação 3D: **fontes de luz**, **sombras** e **reflexos**. As fontes de luz podem ser comparadas ao sol ou às lâmpadas em uma sala. No mundo 3D, criamos nossas próprias fontes de luz que emitem raios de luz, iluminando os objetos pelo caminho. A posição e a intensidade da fonte de luz regulam o brilho dos objetos.

As fontes de luz podem ser posicionadas de diferentes maneiras, dependendo do efeito desejado. Por exemplo: se posicionamos uma fonte de luz diretamente acima de um objeto, ele criará um sombreamento suave abaixo dele, imitando a sombra que seria projetada pelo sol. Por outro lado, se posicionamos a fonte de luz em um ângulo oblíquo em relação ao objeto, ele criará sombras mais definidas e realistas.

Já as sombras são criadas pela ausência de luz em determinada área. São essenciais para dar profundidade e realismo a uma cena. As sombras podem ser projetadas por objetos, bloqueando a passagem da luz, ou por fontes de luz posicionadas de forma a criar sombreamento. Podem ser suaves ou nítidas, dependendo da configuração da iluminação – isso permite controlar a atmosfera e o estilo da cena, tornando-a mais dramática ou suave.

Quando falamos dos reflexos de luz sobre um objeto, significa que a luz pode ser refletida de volta. Esses reflexos são especialmente visíveis em superfícies finas, como vidro, metal ou água. Eles adicionam profundidade e textura aos objetos, e podem ocorrer entre um objeto e outro, criando um efeito de iluminação indireta.

Para uma iluminação 3D realista e, consequentemente, uma cena harmoniosa, é importante considerar a interação entre todos os componentes da iluminação, com equilíbrio de fontes de luz, sombras e reflexos. Além disso, resultados mais precisos podem ser alcançados com a regulamentação correta das fontes de luz e dos materiais dos objetos.

Nos softwares de modelagem 3D, existem várias técnicas e ferramentas disponíveis para ajustar a iluminação. Podemos definir posição, intensidade, cor e tipo das fontes de luz, simular um ambiente de oclusão para criar sombras mais realistas e configurar reflexões especulares para atingir o efeito desejado. Também é possível usar mapas de textura para adicionar detalhes de iluminação em objetos.

IMPORTANTE

A iluminação 3D é uma técnica que dá vida aos objetos virtuais. Ela permite que a luz interaja com esses objetos, criando sombras, reflexos e uma atmosfera consistente.

Princípios da renderização 3D

A renderização 3D é o processo que transforma as geometrias virtuais criadas num ambiente 3D em imagens 2D finais, a partir da aplicação de texturas, iluminação, sombras e efeitos de materiais. Esse processo é realizado por meio de algoritmos complexos que calculam a posição de cada pixel na imagem final, levando em consideração as propriedades dos objetos virtuais e a iluminação do cenário.

Principais softwares de renderização 3D

Existem diversos softwares de renderização 3D, cada um com suas características e especificidades. Entre os mais populares, destacam-se:

- **V-Ray**: desenvolvido pelo Chaos Group, é bastante utilizado na indústria e oferece uma ampla gama de recursos, como simulação de materiais realistas, iluminação global e renderização de alta qualidade.

- **Arnold**: criado pela Autodesk, é conhecido por sua eficiência e qualidade de renderização. Ele é frequentemente usado em produções cinematográficas e de animações, oferecendo resultados fotorrealistas e recursos avançados de simulação física.

- **Blender**: é um software de código aberto muito adotado por artistas 3D e animadores. Oferece diversas ferramentas de modelagem, animação e renderização, sendo uma opção popular para projetos independentes por sua acessibilidade.

Técnicas de renderização 3D

Para alcançar bons resultados na renderização 3D, há muitas técnicas que podem ser usadas. Algumas das mais comuns são:

- **Ray tracing**: simula o comportamento da luz para calcular a trajetória exata dos raios de luz em um ambiente tridimensional, gerando sombras realistas, reflexos e refrações.

- **Mapeamento de texturas**: é uma técnica que aplica imagens bidimensionais em superfícies tridimensionais, adicionando detalhes como rugosidade, cor e textura aos objetos virtuais.

- **Iluminação global**: simula o comportamento real da luz no ambiente virtual. Ela leva em consideração a reflexão da luz em diferentes superfícies, proporcionando resultados mais realistas e uma iluminação mais natural nas cenas renderizadas.

Ao possibilitar a criação de imagens tridimensionais realistas com o uso de softwares e técnicas adequadas, a renderização 3D revolucionou o mundo do design e da computação gráfica.

ARREMATANDO AS IDEIAS

A modelagem de maquetes eletrônicas é um processo complexo que exige habilidades técnicas e criativas. Neste capítulo, conhecemos os seus princípios e os passos para modelar um objeto ou cenário no software SketchUp. Também falamos sobre a importância da ergonomia na arquitetura, descrevemos os materiais realistas e abordamos os conceitos relacionados a layout.

Para relembrarmos, o primeiro passo para criar uma maquete eletrônica é obter as informações específicas sobre o projeto. Isso inclui esboços, desenhos técnicos, especificações e qualquer outra informação relevante. Ou seja: precisamos entender completamente o projeto e as expectativas do cliente antes de iniciar a modelagem.

Durante a fase de modelagem, é importante garantir a precisão e a escala correta dos objetos. Podemos fazer isso utilizando medidas exatas e relações proporcionais. Além disso, é fundamental prestar atenção a alguns detalhes, como texturas, núcleos e materiais.

Conforme a modelagem avança, adicionamos elementos de iluminação. É necessário considerar a direção e a intensidade da luz, bem como as sombras projetadas pelos objetos. Esses elementos ajudam a dar vida e profundidade à maquete.

Concluídas as fases de modelagem e iluminação, é o momento de renderizar uma maquete, isto é, transformar uma representação 3D em uma imagem 2D final. Utilizamos, para isso, softwares especializados que simulam a aparência real da iluminação e dos materiais.

Durante a renderização, é possível fazer ajustes finais, o que inclui a aplicação de efeitos pós-processamento, como correções de cor, brilho e contraste. Quando pronta, a maquete eletrônica pode ser apresentada em diferentes formatos (imagens estáticas, vídeos ou animações) para melhor visualização do projeto.

CAPÍTULO 3

Finalizando imagens

Finalizada a etapa de modelagem 3D, como garantir que todas as partes envolvidas estejam alinhadas com a visão criativa e os objetivos de um projeto?

De que forma, por exemplo, o uso estratégico de cor, composição e enquadramento pode amplificar as emoções e mensagens transmitidas? E como aproveitar esses elementos visuais para criar conexões mais profundas com o público?

Daí surge a importância do nosso processo final: a pós-produção. Neste último capítulo, vamos conhecer as principais técnicas utilizadas nesta fase, que nos ajudam a garantir o máximo de qualidade em uma entrega.

PÓS-PRODUÇÃO E HUMANIZAÇÃO

A pós-produção e a humanização de imagens para maquetes eletrônicas são essenciais na criação de visualizações realistas de projetos arquitetônicos, de design de interiores e de produtos.

Enquanto a renderização gera imagens baseadas em modelos 3D, a pós-produção e a humanização adicionam detalhes que aumentam a sensação de imersão e autenticidade, aproximando a representação virtual da realidade física.

Esse processo vai além da simples manipulação de imagens; envolve a compreensão da psicologia visual, da estética e do storytelling para criar imagens que transmitam emoção e contem uma história.

Vamos entender um pouco de tudo isso, começando pela **psicologia visual**.

A psicologia visual atua na forma como os espectadores interpretam e respondem às imagens. Compreender seus princípios básicos permite aos artistas e designers criar representações que sejam visualmente atraentes e que, ao mesmo tempo, transmitam mensagens e emoções. Vejamos alguns aspectos a serem considerados:

- **Composição**: a composição é a organização dos elementos visuais dentro de uma imagem. Princípios como a regra dos terços, linhas de guia e balanço visual ajudam a criar uma disposição harmoniosa dos elementos na cena. Uma composição bem pensada pode direcionar o olhar do espectador para pontos de interesse na imagem, criando uma experiência visual agradável.

- **Profundidade e perspectiva**: a utilização de técnicas de perspectiva e profundidade ajuda a criar uma sensação de tridimensionalidade na imagem, proporcionando uma percepção de espaço e escala. Isso é especialmente importante em maquetes eletrônicas, onde a representação precisa ser o mais próxima possível da realidade. O uso adequado de linhas e pontos de fuga guia o olhar do espectador pela cena, criando uma sensação de imersão.

- **Cor e contraste**: a cor é fundamental na criação de atmosfera e emoção em uma imagem. A escolha das cores certas pode influenciar o humor e a percepção do espectador. Além disso, o contraste entre cores e tonalidades pode ajudar a destacar elementos importantes na cena e criar uma sensação de profundidade.

- **Texturas e detalhes**: o acréscimo de texturas e detalhes realistas torna a imagem mais palpável. Texturas bem aplicadas podem transmitir informações sobre materiais e superfícies, adicionando um nível extra de realismo à cena. No entanto, é importante não sobrecarregar a imagem com detalhes desnecessários, pois isso pode distrair o espectador e prejudicar a legibilidade da cena.

- **Foco e direção visual**: o uso inteligente de elementos de destaque e direcionadores visuais pode guiar o olhar do espectador pela imagem, chamando sua atenção para pontos de importância e criando uma narrativa visual. Isso pode ser alcançado por meio do posicionamento estratégico de objetos, do uso de linhas direcionais e da manipulação da profundidade de campo.

Além da psicologia visual, a **estética** é essencial nesse processo de criação de maquetes. Não se trata apenas de tornar uma imagem bonita, mas transmitir uma mensagem e sensação específica aos espectadores.

Aqui temos alguns aspectos importantes do processo estético:

- **Equilíbrio visual**: refere-se à distribuição harmoniosa dos elementos na cena, como formas, cores, texturas e espaços negativos. Um equilíbrio adequado cria uma sensação de ordem e estabilidade na imagem, tornando-a agradável aos olhos.

- **Harmonia de cores**: como já sabemos, a escolha das cores certas pode influenciar o humor e a percepção do espectador. Busque uma paleta de cores coesa que transmita a atmosfera desejada para a cena. Além disso, considere o contraste entre as cores para criar pontos focais.

- **Proporção e escala**: certifique-se de que os objetos na cena tenham proporções e escalas adequadas em relação ao ambiente. Isso ajuda os espectadores a entenderem a dimensão, a profundidade e a relação entre os diferentes elementos da cena.

- **Texturas e detalhes**: a adição de texturas e detalhes realistas torna a cena mais tátil e imersiva. Texturas bem aplicadas podem transmitir informações sobre os materiais e superfícies presentes na cena, adicionando realismo e profundidade.

- **Iluminação e sombreamento**: uma iluminação bem planejada pode destacar os pontos focais da cena, criar atmosfera e transmitir realismo. Além do mais, o uso adequado de sombras ajuda a definir a forma e a profundidade dos objetos na cena.

- **Estilo e personalidade**: considere o estilo e a personalidade do projeto ao definir a estética da cena. Cada projeto possui sua própria identidade, que deve ser refletida pela estética da cena. Por exemplo, um projeto moderno pode exigir uma abordagem minimalista e elegante, enquanto um projeto rústico pode se beneficiar de uma paleta de cores mais quente e texturas naturais.

Outro elemento importante na pós-produção e humanização é o processo de **storytelling**, ou contação de histórias.

Contar uma história visualmente por meio de maquetes eletrônicas é um meio de envolver os espectadores. Ao criar uma narrativa visual, além de apresentar um projeto, você o contextualiza e o torna mais significativo para o público.

Veja como incorporar o storytelling às suas imagens:

- **Cenário e ambiente**: comece definindo o cenário e o ambiente da sua cena. Pense no contexto do projeto. Qual é o propósito do espaço? Quem o utiliza? Isso influenciará a escolha dos elementos na imagem, como móveis, decorações e iluminação.

- **Personagens e atividades**: adicione personagens à sua cena para dar vida ao ambiente. Eles podem ser pessoas genéricas ou personagens fictícios que representam os usuários reais do espaço. Mostre esses personagens envolvidos em atividades relevantes para o contexto. Isso ajuda os espectadores a se identificarem com a cena e se imaginarem nela.

- **Narrativa visual**: use os elementos da cena para contar uma história. Pense em como você pode guiar os espectadores através da imagem, conduzindo-os por uma jornada visual. Isso pode ser feito com o posicionamento estratégico dos elementos, o uso de linhas de composição e o controle da profundidade de campo.

- **Pontos de interesse**: destaque pontos na sua cena que sirvam como focos da narrativa. Pode ser uma característica arquitetônica única, uma interação entre personagens ou uma vista panorâmica. Certifique-se de que esses pontos de interesse sejam visualmente impactantes e relevantes para a história.

- **Emoção e atmosfera**: use a iluminação, as cores e os efeitos atmosféricos para evocar emoções na cena. Por exemplo, uma iluminação suave e calorosa pode transmitir conforto e acolhimento; já uma iluminação mais dramática pode criar uma atmosfera de mistério ou suspense.

- **Continuidade visual**: garanta que a narrativa visual flua naturalmente pelas diferentes imagens da sua maquete, caso esteja apresentando uma série delas. Isso ajuda a manter a coesão e a consistência na história.

Ao incorporar o storytelling às suas imagens, você transforma simples representações em experiências imersivas. Isso torna o projeto mais memorável e convincente ao transmitir sua visão e intenções de design.

PRINCÍPIOS DO PROCESSO DE PÓS-PRODUÇÃO

A pós-produção refere-se às etapas de edição e refinamento após a captura inicial de imagens ou renderizações. É uma fase criativa e técnica, na qual as imagens são aperfeiçoadas para atender aos requisitos do projeto e alcançar o resultado desejado.

Na computação gráfica e design, o processo de pós-produção geralmente envolve softwares como Photoshop, Lightroom ou After Effects, todos da Adobe. Essas ferramentas permitem várias manipulações: desde ajustes básicos de cor e exposição até a criação de composições complexas e efeitos visuais sofisticados.

A pós-produção de uma renderização para arquitetura garante que a imagem final transmita a mensagem desejada e atenda aos requisitos do projeto.

Alguns princípios desse processo são:

- **Ajustes de cor e luz**: corrija a iluminação, o contraste e a temperatura de cor para criar a atmosfera que almeja e destacar os elementos arquitetônicos.

- **Tratamento de texturas e materiais**: refine as texturas e os materiais dos objetos para trazer realismo e qualidade visual.

- **Composição, enquadramento e humanização**: ajuste a composição e o enquadramento da imagem para criar um visual equilibrado, destacando pontos focais e adicionando elementos como pessoas, árvores, veículos e mobiliário para contextualizar a cena e torná-la mais habitável.

- **Manipulação de camadas e máscaras**: utilize camadas e máscaras para ajustes específicos em áreas selecionadas da imagem, mantendo a flexibilidade e o controle sobre as edições.

- **Correção de distorções e imperfeições**: corrija distorções de lente, perspectivas indesejadas e outras imperfeições que possam comprometer a qualidade da imagem.

- **Redução de ruído e pós-processamento de imagem**: aplique técnicas de redução de ruído para melhorar a qualidade da imagem, além de filtros e efeitos de pós-processamento para dar profundidade.

A seguir, vamos explorar mais a fundo cada um desses princípios.

Ajustes de cor e luz

Quando falamos de ajustes de cor e luz, precisamos desenvolver um conjunto de correções em um software de edição de imagem ou vídeo, sempre de acordo com a saída solicitada pelo cliente.

Entre essas correções, podemos listar:

- **Correção de exposição**: ajuste o brilho e o contraste da imagem para equilibrar áreas escuras e claras.

- **Balanço de branco**: corrija cores para garantir que os tons neutros sejam reproduzidos corretamente.

- **Correção seletiva**: faça o ajuste individual das cores para corrigir matizes indesejados ou realçar elementos específicos.

- **Controle de sombras e realces**: manipule áreas escuras e claras para obter um equilíbrio tonal adequado.

Essas correções permitem ajustar a imagem de forma rápida e simples, sem a necessidade de renderizar novamente.

Tratamento de texturas e materiais

Não existe maquete eletrônica sem materiais e texturas, pois são eles que fornecem realismo ao arquivo digital. Seja em imagens PBR ou *shaders*, esses arquivos precisam de tratamento adequado para que apresentem as características físicas corretas.

Por isso, podemos aplicar diversas correções a uma foto, além de baixar imagens de sites de fornecedores ou criá-las por inteligências artificiais.

Entre essas correções, destacam-se:

- **Ajustes de brilho e reflexo**: refina mapas e shaders para que o material tenha a quantidade correta de brilho e/ou reflexo, conforme referências do mundo real.

- **Relevo detalhado**: crie e ajuste mapas de relevo. Aqui podemos citar a nitidez, remoção de emendas (*seamless*) e correção de distorções visuais.

- **Ajustes de transparência e opacidade**: controle a transparência e a opacidade de materiais translúcidos, como vidros e líquidos.

Esse conjunto de correções permite que os materiais apresentem o máximo de realismo.

Composição e enquadramento

A composição visual organiza os elementos de uma imagem para criar uma estética agradável e transmitir uma mensagem ou contar uma história de forma eficaz. Ela engloba princípios como equilíbrio, ritmo, proporção, contraste e variedade.

Para criar imagens atraentes e harmoniosas:

- **Escolha a regra de enquadramento**: regra dos terços, proporção áurea, ponto de fuga… São muitas as regras de enquadramento que podem ser usadas na construção de uma imagem e, principalmente, na pós-produção. Determinar a melhor regra é uma das possibilidades nesse processo.

- **Determine o equilíbrio visual**: não há como criar uma imagem sem considerar as regras de equilíbrio, contraste, hierarquia visual, ritmo e proporção. São essas definições que conduzem o olhar do público para os pontos de destaque.

- **Conte um storytelling**: uma imagem precisa gerar emoção, contar uma história e atingir o público-alvo. Por isso, desenvolver um storytelling que traga vida à criação é fundamental, criando uma conexão com o público.

- **Faça ajustes de iluminação, sombras e coesão visual**: após inserir elementos de humanização, precisamos adaptá-los à iluminação e às sombras da imagem renderizada. Ajustes de cor, brilho e contraste são necessários para garantir a coesão visual e fazer com que esses elementos pareçam sempre ter pertencido à cena.

Esses ajustes certamente proporcionarão uma melhoria significativa nas imagens durante a pós-produção.

Manipulação de camadas e máscaras

É importante saber manipular máscaras e camadas na pós-produção de imagens de maquete eletrônica. Elas permitem um controle preciso dos ajustes em áreas específicas da imagem, possibilitando a aplicação de outros princípios e gerando resultados únicos na renderização final.

São elementos essenciais desses princípios:

- **Organização de camadas**: criar camadas de forma organizada e com nomes claros é essencial para um processo produtivo, pois cada camada pode conter diferentes ajustes.

- **Ajustes não destrutivos**: o processo de ajustes não destrutivos permite que eles sejam alterados ou desfeitos a qualquer momento, sem comprometer a imagem original.

- **Refinamento e precisão dos ajustes**: máscaras permitem o refinamento das seleções, suavizando transições entre os objetos da cena, especialmente em áreas de luz e sombra, bem como entre o processo de luz e sombra.

- **Experimentação criativa**: um dos maiores benefícios de usar camadas e máscaras é a chance de experimentar diferentes efeitos e composições sem comprometer a imagem original, permitindo ajustes precisos em áreas específicas.

Em resumo, a manipulação de camadas e máscaras oferece controle preciso e flexível na pós-produção, permitindo diversas aplicações.

Correção de distorções e remoção de ruídos

Para realizarmos ajustes de cor e luz, é necessário um software de edição de imagem ou de vídeo, conforme as solicitações do cliente.

As correções incluem:

- **Correção de distorções geométricas**: ajuste de perspectiva e de inclinação para garantir linhas retas e proporções corretas.

- **Remoção de manchas e ruídos**: correção de manchas e imperfeições, como aberrações cromáticas e "flickers", economizando tempo em comparação à renderização. A remoção de ruídos pode ser feita por diferentes métodos, e deve equilibrar a manutenção dos detalhes com a eliminação completa do ruído.

- **Correção de áreas subexpostas e superexpostas**: recuperação de detalhes em áreas muito claras ou escuras para obter uma exposição balanceada.

- **Aplicações seletivas**: ao reduzir o ruído e corrigir distorções, é importante aplicar ajustes de forma seletiva para evitar afetar áreas importantes da cena, como detalhes arquitetônicos. O uso de máscaras e camadas é extremamente útil nesse contexto.

Em resumo, a redução de ruído e a correção de distorções são essenciais na pós-produção de imagens, melhorando a qualidade visual.

Pós-processamento de imagens

O pós-processamento de imagem envolve várias técnicas e ferramentas para aprimorar a imagem final após a captura inicial ou a renderização.

Vamos conhecer algumas dessas técnicas:

- **Efeitos atmosféricos**: adicione neblina, névoa ou luz do sol. Para profundidade, esses efeitos podem ser sutis; para um impacto visual marcante, podem ser dramáticos.

- **Desfoque seletivo**: desfoque áreas específicas da imagem, mantendo outras nítidas e direcionando a atenção para elementos-chave.

- **Filtros e efeitos visuais**: aplique filtros e efeitos visuais, como vinhetagem, grãos, alterações de cor e tonalidade, para criar uma estética específica ou dar um toque artístico.

- **Ajuste de nitidez e detalhes**: melhore a clareza e definição dos elementos na cena usando técnicas como aumento do contraste local ou aplicação de máscaras de nitidez, que realçam os detalhes sem introduzir artefatos indesejados na imagem.

- **Correção de exposição e balanço de branco**: ajuste a exposição e o balanço de branco para corrigir problemas de exposição e alcançar uma reprodução de cores mais precisa.

O pós-processamento é uma etapa criativa e essencial na produção visual, permitindo que os artistas refinem suas criações. Cada uma das técnicas apresentadas pode ser aplicada de forma seletiva e combinada para alcançar o resultado desejado e atender às necessidades do projeto.

CAMADAS DE RENDERIZAÇÃO E APLICAÇÕES

Camadas de renderização, elementos de renderização, passes de renderização e render pass: todos esses termos se referem ao mesmo processo. Baseado na fotografia e na captação cinematográfica, esse método separa uma renderização em diversas imagens ou vídeos.

NA PRÁTICA

Imagine que você está trabalhando em uma cena complexa, cheia de reflexos, luzes, transparências e muitos detalhes. A renderização em camadas permite separar esses elementos em diferentes camadas (ou arquivos), o que facilita o trabalho com partes específicas da cena.

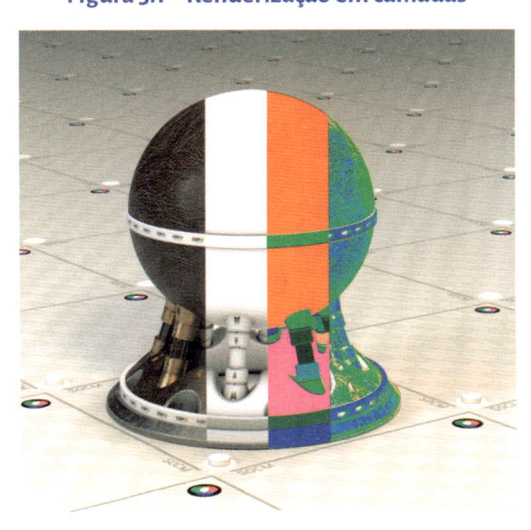

Figura 3.1 – Renderização em camadas

Cada uma dessas imagens ou vídeos, chamadas de passes de renderização, contém uma parte específica da cena: um arquivo pode conter apenas os reflexos, outro apenas a iluminação, outro as áreas de transparência, e assim por diante com outros elementos que compõem a cena final.

A escolha de quantas e quais camadas criar depende do artista responsável pela renderização 3D. Essa decisão está diretamente ligada às necessidades do projeto e às ferramentas oferecidas pelo software de renderização.

Não há uma regra fixa sobre quais camadas de renderização usar; cada projeto e suas necessidades de pós-produção determinam essa escolha. No entanto, camadas de iluminação, reflexo, sombra e refração são comuns em praticamente todos os projetos.

Os softwares ou motores de renderização disponibilizam uma variedade de camadas que podem ser agrupadas conforme suas funções na pós-produção.

Figura 3.2 – Camadas de renderização

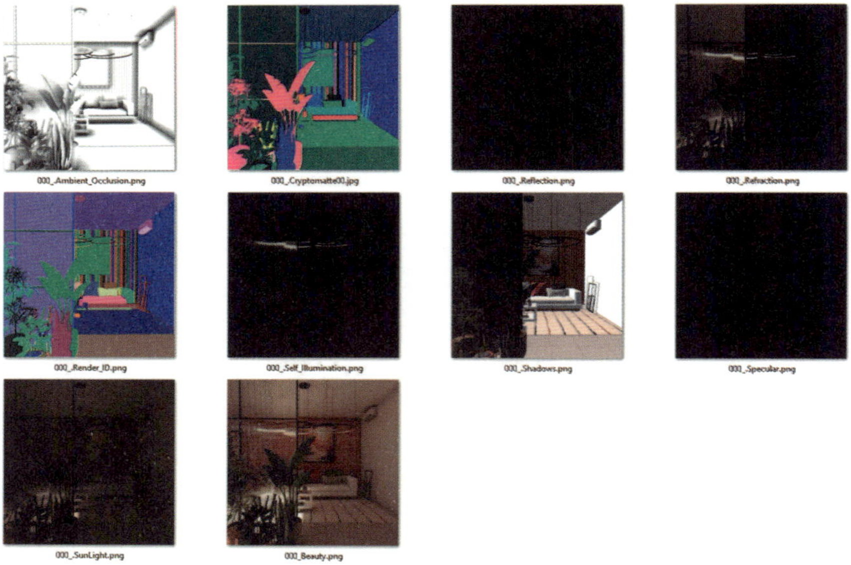

Essas correções permitem o ajuste fino da imagem, equalizando cor e luz de forma rápida e simples, sem a necessidade de renderizar novamente.

As camadas podem ser divididas em quatro grupos:

- **Embelezamento**: camadas principais que incrementam o visual das cenas, como iluminação, sombras e reflexos.

- **Seleção**: camadas que auxiliam na seleção e mascaramento nos softwares de pós-produção, como divisão por materiais ou por objetos.

- **Informação ou geometria**: camadas que fornecem informações sobre a composição da cena, como profundidade de desfoque (Z-Depth) e relevos (normal).

- **Utilidade**: camadas para análises ou melhorias no processo de renderização, como amostra de rebatimento de luz ou remoção de ruído (*denoiser*).

Vejamos aqui as principais camadas de renderização, que podem ser encontradas em qualquer renderizador de mercado, embora os nomes possam variar de acordo com cada renderizador.

- **Diffuse**: todos os objetos da cena aparecem planos, sem informações de iluminação. As cores são as definidas no material, e cada textura aparece como no arquivo de imagem.

- **Reflection**: armazena informações de reflexão com base nas propriedades do material. Superfícies sem valores de reflexão definidos aparecem em preto.

Figura 3.3 – Reflection

- **Refraction**: armazena informações de refração com base nas propriedades do material. Superfícies com cor de refração definida como preta não contêm informações no elemento de renderização e, portanto, aparecem em preto.

Figura 3.4 – Refraction

- **Shadows**: funciona como uma máscara reversa para sombras. É uma imagem colorida usada para clarear, escurecer ou tingir sombras. As sombras podem ser iluminadas na composição ao adicionar este elemento de renderização, ou escurecidas ao subtrair esta passagem da composição final.

Figura 3.5 – Shadows

- **Specular**: armazena informações de brilho especular (specular highlight) com base nas propriedades de reflexão do material. Superfícies sem valores de reflexão definidos aparecem em preto.

Figura 3.6 – Specular

- **Render ID**: cria máscaras de seleção com atribuição automática de cores para cada objeto da cena.

Figura 3.7 – Render ID

- **Ambient occlusion**: cria um efeito de oclusão ambiental para toda a cena.

Figura 3.8 – Ambient occlusion

- **Z Depth**: fornece informações sobre a distância de cada objeto da câmera na visualização atual. Neste elemento, os objetos (ou partes deles) mais próximos da câmera aparecem em branco, enquanto os mais distantes aparecem em preto.

Vamos explorar, a seguir, algumas das principais razões pelas quais os artistas e profissionais de computação gráfica utilizam essas camadas de renderização.

Composição flexível

Uma das grandes vantagens das camadas de renderização é a capacidade de compor imagens de forma flexível e não destrutiva.

Ao separar os elementos da cena em camadas individuais, podemos ajustar cada um deles de forma independente, modificando cor, brilho, contraste ou aplicando efeitos específicos. Isso permite criar composições complexas, em que cada elemento pode ser refinado.

NA PRÁTICA

Em uma cena de arquitetura, por exemplo, pode ser necessário ajustar a intensidade da luz em diferentes partes do ambiente. Com as camadas de renderização, você pode separar as fontes de luz em camadas individuais e ajustar sua opacidade ou intensidade conforme necessário, criando uma iluminação mais equilibrada.

Controle de efeitos visuais

Além de facilitar a composição flexível, as camadas de renderização permitem um controle refinado sobre os efeitos visuais na cena. Ao separar os elementos de reflexão e refração em camadas individuais, é possível ajustar a intensidade desses efeitos separadamente.

Da mesma forma, as camadas de renderização possibilitam a aplicação de efeitos pós-processamento, como desfoque de movimento, profundidade de campo e correção de lente, de forma seletiva e em diferentes partes da cena. Isso proporciona um controle preciso sobre a estética visual da imagem final.

Correção de erros

As camadas de renderização são úteis para corrigir erros e imperfeições na renderização final. Por exemplo, se uma sombra indesejada ou um artefato de renderização aparecer em uma parte específica da cena, podemos usar as camadas para isolar e corrigir esses problemas sem afetar o restante da imagem.

Além disso, as camadas de renderização permitem substituir texturas ou materiais individuais, corrigir problemas de iluminação e ajustar a posição e a escala dos objetos na cena.

Na figura 3.9, vemos a diferença entre a imagem original (à esquerda) e a imagem com pós-produção e camadas de renderização aplicadas (à direita). Foram ajustadas a cor, o nível de reflexo, as texturas dos vasos, o contraste, as sombras, e também aplicada a oclusão de ambiente (ambient occlusion).

Figura 3.9 – Imagens antes e depois da pós-produção e da aplicação de camadas de renderização

HUMANIZAÇÃO E EFEITOS

Como vimos, maquetes eletrônicas são essenciais para a visualização arquitetônica e o design. Porém, apenas representar espaços físicos não basta para cativar os espectadores.

Humanizar as imagens dessas maquetes se tornou uma arte, permitindo que os observadores se conectem emocionalmente com os ambientes.

Neste tópico, vamos explorar o processo de humanização, desde técnicas de renderização até estratégias de pós-produção, enfatizando sua importância na comunicação eficaz de projetos arquitetônicos.

Contextualização da humanização

Humanizar maquetes eletrônicas vai além de simplesmente adicionar figuras humanas e elementos de vida. Trata-se de entender a importância da presença humana para a compreensão e a apreciação dos espaços projetados. Vamos ver, então, como a humanização impacta a percepção dos observadores.

Há várias razões para incluir elementos humanos em maquetes eletrônicas:

- **Escala e contexto**: as pessoas fornecem uma referência visual para entender a escala dos espaços. Sem a presença humana, pode ser difícil avaliar o tamanho e a proporção dos ambientes.

- **Identificação e empatia**: figuras humanas permitem que os espectadores se identifiquem e se imaginem no espaço. Isso cria uma conexão emocional com o projeto, aumentando o interesse e a compreensão.

- **Dinamismo e vitalidade**: atividades humanas, como caminhar, conversar ou trabalhar, adicionam dinamismo e vitalidade às cenas, evitando que as maquetes pareçam estáticas.

Humanizar não é só transmitir informações sobre o espaço físico, mas também evocar emoções nos espectadores.

- **Emoções positivas**: pessoas sorrindo, interagindo ou desfrutando do ambiente podem evocar sentimentos de felicidade, conforto e acolhimento.

- **Narrativas visuais**: figuras humanas podem contar histórias dentro da maquete, mostrando como o espaço será usado e habitado. Isso ajuda a comunicar a finalidade e o caráter do projeto.

- **Conexão pessoal**: ao ver pessoas na maquete, os observadores podem se imaginar na cena, criando uma conexão pessoal e emocional com o espaço.

Técnicas de inserção humana

A inserção de figuras humanas em maquetes eletrônicas requer habilidades específicas de modelagem, animação e composição para garantir realismo e harmonia com o ambiente.

Conheceremos aqui algumas técnicas para criar e integrar personagens humanos em diferentes cenários arquitetônicos.

Modelagem de personagens

A criação e a usabilidade de modelos humanos realistas são o primeiro passo para a humanização de maquetes eletrônicas.

- **Anatomia e proporções**: entenda a anatomia humana para garantir proporções realistas ao modelar personagens. Isso inclui detalhes como estrutura óssea, músculos e proporções corporais.

- **Expressões e emoções**: adicione expressões faciais e gestos aos modelos para transmitir emoções e interagir com o ambiente.

- **Escalabilidade**: crie modelos em uma escala adequada para o projeto, permitindo que sejam facilmente ajustados para se encaixar em diferentes ambientes e situações.

Variedade e contexto

A diversidade é importante para criar maquetes inclusivas e representativas.

- **Diversidade étnica e cultural**: inclua personagens de diferentes origens étnicas e culturais para refletir a diversidade da sociedade.

- **Faixa etária e gênero**: adicione personagens de diferentes idades e gêneros para enriquecer a representação do ambiente, permitindo que os espectadores se identifiquem com distintas experiências e perspectivas.

- **Atividades e contexto**: envolva os personagens em atividades relevantes para o ambiente representado, como trabalhar em um escritório, relaxar em um parque ou fazer compras em um centro comercial.

Iluminação e composição

A iluminação cênica e a composição cuidadosa influenciam a percepção emocional das cenas e a integração harmoniosa de elementos humanos nos ambientes representados.

- **Fontes de luz natural**: simular as luzes do sol, do dia e do ambiente cria uma sensação de realismo e autenticidade, tornando o ambiente mais convidativo e acolhedor.

- **Iluminação focal**: destacar áreas específicas da cena com luz focalizada pode direcionar o olhar dos espectadores para elementos importantes, como figuras humanas ou características arquitetônicas.

- **Sombras e reflexos**: a utilização de sombras suaves e reflexos naturais adiciona profundidade e textura à cena, tornando-a mais dinâmica e realista.

Integração e realismo

A integração harmoniosa de elementos humanos ao ambiente renderizado requer habilidades avançadas de composição e fusão.

- **Mapeamento de texturas**: ajuste as texturas das figuras humanas para que correspondam à iluminação e à atmosfera da cena.

- **Ajuste de cores e tons**: harmonize as cores e os tons das figuras humanas com o restante da cena para evitar discrepâncias visuais.

- **Sombreamento**: adicione sombras sob as figuras humanas para criar a ilusão de interação com a luz ambiente. Sombras e iluminação adequadas às diferentes partes do corpo humano ajudam a definir sua forma e profundidade.

- **Detalhes anatômicos**: adicione detalhes como rugas e texturas de pele e de cabelo para trazer autenticidade às figuras humanas.

- **Reflexos e transparências**: incorpore reflexos em superfícies brilhantes, como olhos e pele, e transparências em tecidos e cabelos.

- **Expressões faciais**: altere as expressões faciais das figuras humanas para refletir diferentes emoções e interações, contar histórias e transmitir atmosferas específicas.

- **Gestos e poses**: variar os gestos e poses das figuras humanas promove dinamismo e autenticidade, criando uma sensação de movimento e vida.

- **Elementos de contexto**: inclua objetos e elementos como móveis, acessórios e adereços para situar as figuras humanas no ambiente e enriquecer a narrativa visual.

Narrativa e emoção

Por meio da presença humana e da composição da cena, podemos construir narrativas visuais e evocar emoções específicas.

Construção narrativa

A inclusão de figuras humanas em diferentes situações e interações do dia a dia é uma ótima forma de construir narrativas visuais.

- **Cenários de uso**: mostre figuras humanas realizando atividades relevantes para o espaço, como trabalhar em um escritório, socializar em uma praça ou relaxar em um parque.

- **Fluxo e movimento**: posicione as figuras humanas de modo a criar um fluxo natural de movimento. Isso ajuda na visualização do espaço, de como será usado e habitado no mundo real.

- **Histórias implícitas**: sugira histórias e relacionamentos entre as figuras humanas para despertar a curiosidade dos espectadores e incentivá-los a explorar a cena.

Engajamento emocional

A presença de figuras humanas pode evocar emoções nos espectadores.

- **Conforto e aconchego**: mostre pessoas desfrutando do ambiente e interagindo de forma positiva para transmitir uma sensação de conforto e acolhimento, tornando o espaço mais convidativo.

- **Excitação e curiosidade**: crie cenas dinâmicas e cheias de energia para despertar emoções de excitação nos espectadores, fazendo-os explorar o ambiente representado.

- **Inspiração e aspiração**: apresente pessoas realizando atividades inspiradoras ou alcançando objetivos para motivar os espectadores e despertar aspirações e sonhos relacionados ao espaço.

ARREMATANDO AS IDEIAS

Neste último capítulo, exploramos os diversos aspectos que envolvem a pós-produção de imagens e a humanização, elementos que transformam uma maquete eletrônica em uma obra de arte.

Conhecemos a importância e os fundamentos de algumas técnicas, como ajustar cores e luzes, tratar texturas e materiais, compor e enquadrar imagens, manipular camadas e máscaras, corrigir distorções e remover ruídos.

A compreensão das camadas de renderização e de suas aplicações permite uma composição flexível e maior controle dos efeitos visuais, garantindo que cada detalhe seja aperfeiçoado. A humanização, com suas técnicas de inserção de figuras humanas, integração e iluminação, dá um toque de realismo e emoção.

Continue praticando e explorando novas ferramentas, e lembre-se de que a criatividade e a atenção aos detalhes são seus grandes aliados.

Referências

AGOSTINI, D. **Fotografia**: um guia para ser fotógrafo em um mundo onde todos fotografam. São Paulo: Editora Senac São Paulo, 2019.

ANTERO, K. de L.; MELO, M. R. de. **Roteiro e storyboard**. Curitiba: Intersaberes, 2021. E-book.

CASSIDY, T. D. Mood boards: current practice in learning and teaching strategies and students' understanding of the process. **International Journal of Fashion Design**, Technology and Education, v. 1, n. 1, p. 43-54, mar. 2008.

COMPARATO, D. **Da criação ao roteiro**. 5. ed. São Paulo: Summus, 2018. E-book.

FIELD, S. **Manual do roteiro**: os fundamentos do texto cinematográfico. 14. ed. Rio de Janeiro: Objetiva, 2001.

GOMES, E. **A arte de narrar histórias**: origens, influências e práticas. São Paulo: Editora Senac São Paulo, 2023.

MASCARELLO, F. (org.). **História do cinema mundial**. Campinas: Papirus, 2023. E-book.

MOLETTA, A. **Criação de curta-metragem em vídeo digital**: uma proposta para produções de baixo custo. 4. ed. São Paulo: Summus, 2009. E-book.

NEUFERT, E. **Arte de projetar em arquitetura**. 18. ed. São Paulo: GG Brasil, 2013.

PEREIRA, T. V. **Mood board como espaço de construção de metáforas**. [S. l.]: Unisinos, 2010.

PHILLIPS, P. L. **Briefing**: a gestão do projeto de design. São Paulo: Blucher, 2017.

REIS, M. R.; MERINO, E. A. D. Moodboards: systematic review of the literature on an imagery design tool focused on the aesthetic-symbolic definition of the product. **Estudos em Design**, v. 28, n. 1, 2020.

SKETCHUP. Accessing 3D Warehouse. **Trimble**, [*s. d.*]. Disponível em: https://help.sketchup.com/en/3d-warehouse/accessing-3d-warehouse. Acesso em: 6 set. 2024.

SUMMERSON, J. **The classical language of architecture**. 3. ed. Londres: Thames & Hudson, 1980.